上海市工程建设规范

预应力施工技术标准

Technical standard for prestressed construction

DG/TJ 08—235—2020

J 12145—2020

主编单位：上海市建筑科学研究院（集团）有限公司
上海建科预应力技术工程有限公司
上海建工集团股份有限公司
批准部门：上海市住房和城乡建设管理委员会
施行日期：2021 年 4 月 1 日

同济大学出版社

2021　上海

图书在版编目(CIP)数据

预应力施工技术标准/上海市建筑科学研究院(集团)有限公司,上海建科预应力技术工程有限公司,上海建工集团股份有限公司主编. —上海:同济大学出版社,2021.5

ISBN 978-7-5608-7041-0

Ⅰ.①预… Ⅱ.①上… ②上… ③上… Ⅲ.①预应力施工-技术标准-上海 Ⅳ.①TU757-65

中国版本图书馆 CIP 数据核字(2021)第 062707 号

预应力施工技术标准

上海市建筑科学研究院(集团)有限公司
上海建科预应力技术工程有限公司   主编
上海建工集团股份有限公司

策划编辑	张平官
责任编辑	朱 勇
责任校对	徐春莲
封面设计	陈益平

出版发行   同济大学出版社   www.tongjipress.com.cn
       (地址:上海市四平路 1239 号   邮编:200092   电话:021-65985622)

经 销	全国各地新华书店	
印 刷	浦江求真印务有限公司	
开 本	889mm×1194mm 1/32	
印 张	6.625	
字 数	178 000	
版 次	2021 年 5 月第 1 版 2021 年 5 月第 1 次印刷	
书 号	ISBN 978-7-5608-7041-0	
定 价	60.00 元	

上海市住房和城乡建设管理委员会文件

沪建标定〔2020〕628 号

上海市住房和城乡建设管理委员会
关于批准《预应力施工技术标准》
为上海市工程建设规范的通知

各有关单位：

由上海市建筑科学研究院(集团)有限公司、上海建科预应力技术工程有限公司、上海建工集团股份有限公司主编的《预应力施工技术标准》，经我委审核，现批准为上海市工程建设规范，统一编号为 DG/TJ 08—235—2020，自 2021 年 4 月 1 日起实施。原《后张预应力施工规程》DG/TJ 08—235—2012 同时废止。

本规范由上海市住房和城乡建设管理委员会负责管理，上海市建筑科学研究院(集团)有限公司负责解释。

特此通知。

上海市住房和城乡建设管理委员会

二〇二〇年十一月四日

前　言

根据上海市住房和城乡建设管理委员会《关于印发〈2017 年上海市工程建设规范编制计划〉的通知》(沪建标定〔2016〕1076 号)的要求,由上海市建筑科学研究院(集团)有限公司、上海建科预应力技术工程有限公司、上海建工集团股份有限公司等单位联合对《后张预应力施工规程》DG/TJ 08—235—2012 进行修订而成本标准。

修订过程中,编制组认真总结近年来上海市及国内其他地区先张、后张预应力工程施工的实践经验和研究成果,开展多项专题研究,参考了相关国际先进标准和国内标准规范,广泛征求有关专家和各方面的意见,对具体内容进行反复讨论和修改,并经审查定稿。

本标准的主要内容有:总则;术语和符号;材料;施工机具;施工计算与深化设计;制作与安装;混凝土浇筑;张拉与锚固;灌浆与封锚保护;体外预应力施工;钢结构预应力施工;施工管理;施工验收;附录等。

本标准修订的主要内容如下:

1　调整标准的适用范围。

2　增加了纤维增强复合材料筋、缓粘结预应力筋及其他部分预应力材料的技术参数和规格。

3　增加了先张法制作、张拉的相关规定。

4　增加了缓粘结预应力筋制作及张拉的相关规定。

5　增加了智能张拉、智能循环灌浆的系统要求及其工艺的相关规定。

6　增加了预应力施工企业能力的相关要求。

各单位及相关人员在执行本标准过程中，如有意见和建议，请反馈至上海市住房和城乡建设管理委员会（地址：上海市大沽路 100 号；邮编：200003），上海市建筑科学研究院（集团）有限公司（地址：上海市宛平南路 75 号；邮编：200032；E-mail：jkyrd@sribs.com），上海市建筑建材业市场管理总站（地址：上海市小木桥路 683 号；邮编：200032），以供今后修订时参考。

主 编 单 位： 上海市建筑科学研究院（集团）有限公司

上海建科预应力技术工程有限公司

上海建工集团股份有限公司

参 编 单 位： 上海市机械施工集团有限公司

上海城投公路投资（集团）有限公司

同济大学

上海建工一建集团有限公司

上海建工材料工程有限责任公司

上海建工七建集团有限公司

上海同吉建筑工程设计有限公司

标龙建设集团有限公司

主 要 起 草 人： 龚治国　龚　剑　张富文　唐　喜　郑钧雅

参 加 起 草 人： 王美华　熊学玉　周　锋　周　涛　吴　杰

姜海西　魏永明　张德锋　钟麟强　王绍义

施凯捷　施荣华　陈　霞　薛雨春　潘钻峰

缪建杨

主 要 审 查 人： 花炳灿　陈晓明　栗　新　叶国强　蒋欢军

王　杰　王恒栋

上海市建筑建材业市场管理总站

目　次

Contents

1 总　则

1.0.1　为在本市预应力工程施工中贯彻执行国家的技术、经济政策，做到技术先进、安全适用、经济合理、确保质量，制定本标准。

1.0.2　本标准适用于本市建（构）筑物、市政、公路和桥梁工程中预应力工程的施工与验收。

1.0.3　预应力工程施工除应符合本标准的具体规定外，尚应符合国家、行业和本市现行有关标准的规定。

2 术语和符号

2.1 术　语

2.1.1　预应力筋　prestressing tendons

施加预应力用的单根或成束钢丝、钢绞线、螺纹钢筋和钢拉杆的总称。

2.1.2　有粘结预应力筋　bonded prestressing tendons

张拉后直接与混凝土粘结或通过灌浆使之与混凝土粘结的一种预应力筋。

2.1.3　无粘结预应力筋　unbonded prestressing tendons

表面涂防腐油脂并包护套后，与周围混凝土不粘结，靠锚具传递压力给构件或结构的一种预应力筋。

2.1.4　缓粘结预应力筋　retard-bonded tendons

用缓粘结专用粘合剂涂敷和高密度聚乙烯护套包裹的预应力筋。

2.1.5　纤维增强复合材料筋　fiber reinforced polymer tendons

由单向连续纤维拉挤成型并经树脂浸渍固化的纤维增强复合材料棒状制品，简称FRP。

2.1.6　拉索　tension cables

由索体和锚具组成的受拉构件。索体可为钢丝束、钢绞线束或钢拉杆等。

2.1.7　锚具　anchorages

在后张法预应力构件或结构中，用于保持预应力筋的拉力并将其传递到构件或结构上所采用的永久性锚固装置。

2.1.8 成孔材料 ducts

用于后张预应力混凝土构件预留孔道成形的材料。

2.1.9 张拉控制应力 control stress for tensioning

预应力筋张拉时在张拉端所施加的应力值。

2.1.10 预应力损失 prestress losses

预应力筋张拉过程中和张拉后,由于材料特性、结构状态和张拉工艺等因素引起的预应力筋应力降低的现象。

2.1.11 锚口摩擦损失 prestress loss due to friction at anchorage device

预应力筋在锚具及张拉端锚垫板转角处由于摩擦引起的预应力损失。

2.1.12 变角张拉摩擦损失 prestress loss due to friction at deviated device

预应力筋在变角装置内转角处由于摩擦引起的预应力损失。

2.1.13 有效预应力 effective prestress

指扣除预应力损失后,在预应力筋中建立的应力。

2.1.14 锚固区 anchorage zone

从预应力构件或结构端部锚具下的局部高应力扩散到正常压应力的区段。

2.1.15 先张法 pre-tensioning method

先在台座或模具上张拉预应力筋并用临时锚具、夹具固定,然后浇筑混凝土,待混凝土达到一定强度后,放松预应力筋,借助预应力筋和混凝土之间的粘结力,对混凝土施加预压应力的施工方法。

2.1.16 后张法 post-tensioning method

在混凝土达到一定强度的构件或结构中,张拉预应力筋并用锚具永久固定,使混凝土产生预压应力的施工方法。

2.1.17 智能张拉 intelligent tensioning

智能张拉是利用计算机控制技术,通过传感器自动测量各项技术数据,并实时数据传输、判断和反馈,从而实现高精度预应力筋张拉的施工工艺。

2.1.18 体外预应力束 external prestressing tendons

布置在结构构件截面之外的预应力筋,仅在锚固区和转向块处与构件或结构相连接。

2.1.19 转向块 deviator

在腹板、翼缘或腹板翼缘交接处设置的混凝土或钢支承块,与梁段整体浇筑或具有可靠连接,以控制体外束的几何形状或提供改变体外束方向的手段,并将预加力传至结构。

2.1.20 预应力钢结构 prestressed steel structure

在钢结构设计、制造、安装、施工和使用过程中,采用人为方法引入预应力以提高结构强度、刚度和稳定性的各类钢结构。

2.2 符 号

A_p——预应力筋的计算截面积;

E_c——混凝土弹性模量;

E_p——预应力筋弹性模量;

f_{ptk}——预应力筋极限抗拉强度标准值;

f_{pyk}——预应力螺纹钢筋屈服强度标准值;

F_{con}——预应力筋张拉控制力;

f_{py}, f'_{py}——预应力筋的抗拉、抗压强度设计值;

P_1——预应力筋张拉端拉力;

P_2——预应力筋固定端拉力;

P_m——预应力束中各根预应力筋的平均拉力;

σ_{pc}——由预加应力产生的混凝土法向应力;

σ_{con}——预应力筋张拉控制应力;

σ_{pe}——预应力筋的有效应力;

σ_{l1}——锚具变形和预应力筋内缩引起的预应力损失;

σ_{l2}——预应力筋的摩擦损失；

σ_{l3}——预应力筋的热养护损失；

σ_{l4}——预应力筋的应力松弛损失；

σ_{l5}——混凝土收缩和徐变引起的预应力筋应力损失；

σ_{l6}——由于混凝土的局部挤压引起的预应力损失；

a——锚具变形和预应力筋内缩值；

μ——摩擦系数；

κ——考虑孔道每米长度局部偏差的摩擦系数；

θ——从张拉端至计算截面预应力筋曲线段两端切线的夹角；

l——预应力筋孔道长度；

L——预应力筋下料长度；

l_f——预应力筋孔道反向摩擦影响长度；

m——预应力筋孔道摩擦损失斜率；

ΔL_p^c——预应力筋张拉时理论计算伸长值；

ΔL——预应力筋张拉时实测伸长值；

ΔL_1——从初张拉力至最大张拉力之间的实测伸长值；

ΔL_2——初张拉力以下的推算伸长值。

3 材 料

3.1 预应力筋

3.1.1 预应力混凝土结构所采用的钢丝、钢绞线、螺纹钢筋等材料的质量和性能应符合现行国家标准的规定。其中,钢丝应符合现行国家标准《预应力混凝土用中强度钢丝》GB/T 30828 和《预应力混凝土用钢丝》GB/T 5223 的规定;钢绞线应符合现行国家标准《预应力混凝土用钢绞线》GB/T 5224 的规定;螺纹钢筋应符合现行国家标准《预应力混凝土用螺纹钢筋》GB/T 20065 的规定。

3.1.2 预应力钢结构所采用的钢丝、钢绞线、钢拉杆等索体的质量和性能应符合现行行业标准《建筑工程用索》JG/T 330 的规定。

3.1.3 常用钢丝、钢绞线、预应力螺纹钢筋和钢拉杆的规格和力学性能见表 3.1.3-1～表 3.1.3-4。

3.1.4 混凝土结构用预应力筋的品种、规格、强度等级和数量应符合设计要求。当预应力筋需要代换时,应不降低预应力构件的承载力、延性和抗裂性能,同时应满足预应力筋布置和锚固区局部受压承载力的要求。

3.1.5 预应力筋代换原则上宜由原设计单位进行专项设计后方可实施。

3.1.6 混凝土结构用预应力筋进场时,应分批验收,钢丝、钢绞线和螺纹钢筋验收时,除应按合同要求对其质量证明书、标志、包装和规格等进行检查外,尚应按本标准第 3.1.7～3.1.9 条规定进行检验。

表 3.1.3-1　低松弛光圆及螺旋肋钢丝的规格和力学性能

公称直径 (mm)	直径允许偏差 (mm)	公称截面积 (mm²)	每米参考重量 (g/m)	极限抗拉强度标准值 f_{ptk} (N/mm²)	抗拉强度设计值 f_{py} (N/mm²)	抗压强度设计值 f'_{py} (N/mm²)	最大力下总伸长率 δ (%) 不小于	应力松弛性能	
								初始应力相当于公称抗拉强度的百分数 (%)	1 000 h 后应力松弛率 (%) 不大于
4.00	±0.04	12.57	98.6	1 470	1 040				
				1 570	1 110				
				1 670	1 180				
				1 770	1 250				
				1 860	1 320				
5.00		19.63	154	1 470	1 040				
6.00		28.27	222	1 570	1 110				
7.00	±0.05	38.48	302	1 670	1 180	410	3.5	70	2.5
				1 770	1 250			80	4.5
				1 860	1 320				
8.00		50.26	394	1 470	1 040				
9.00	±0.06	63.62	499	1 570	1 110				
				1 670	1 180				
10.00		78.54	616	1 470	1 040				
12.00		113.10	888	1 570	1 110				

注:1. 各种规格的螺旋肋钢丝基圆直径允许偏差均为±0.05 mm。

2. 钢丝弹性模量为$(2.05\pm0.1)\times10^5$ N/mm²,但不作为交货条件。

表 3.1.3-2　1×7 和 1×19 结构低松弛钢绞线的规格和力学性能

钢绞线结构	公称直径 (mm)	直径允许偏差 (mm)	公称截面积 (mm²)	每米参考重量 (g/m)	极限抗拉强度标准值 f_{ptk} (N/mm²)	抗拉强度设计值 f_{py} (N/mm²)	抗压强度设计值 f'_{py} (N/mm²)	最大力下总伸长率 Agt (%) 不小于	初始应力相当于公称最大力的百分数 (%)	1 000 h后应力松弛率 (%) 不大于
1×7	9.5	+0.30 −0.15	54.8	430	1 720 / 1 860 / 1 960	1 220 / 1 320 / 1 390	390	3.5	70 / 80	2.5 / 4.5
	12.7		98.7	775	1 720 / 1 860 / 1 960	1 220 / 1 320 / 1 390				
	15.2	+0.40 −0.15	140	1 101	1 470 / 1 570 / 1 670 / 1 720 / 1 860 / 1 960	1 040 / 1 110 / 1 180 / 1 220 / 1 320 / 1 390				
	15.7		150	1 178	1 770 / 1 860	1 250 / 1 320				
	17.8		191	1 500	1 720 / 1 860	1 220 / 1 320				
	21.60		285	2 237	1 770 / 1 860	1 250 / 1 320				
(1×7) C	12.7	+0.40 −0.15	112	890	1 860	1 320				
	15.2		165	1 295	1 820	1 290				
	18.0		223	1 750	1 720	1 220				

— 8 —

续表 3.1.3-2

钢绞线结构	公称直径 (mm)	直径允许偏差 (mm)	公称截面积 (mm²)	每米参考重量 (g/m)	极限抗拉强度标准值 f_{ptk} (N/mm²)	抗拉强度设计值 f_{py} (N/mm²)	抗压强度设计值 f'_{py} (N/mm²)	最大力下总伸长率 Agt (%) 不小于	应力松弛性能	
									初始应力相当于公称最大力的百分数 (%)	1 000 h后应力松弛率 (%) 不大于
1×19S (1+9+9)	17.8		208	1 652	1 770 1 860	1 250 1 320				
	19.3		244	1 931	1 770 1 860	1 250 1 320				
	20.3	+0.40 −0.15	271	2 149	1 770 1 810 1 860	1 250 1 280 1 320	390	3.5	70 80	2.5 4.5
	21.8		313	2 482	1 770 1 810 1 860	1 250 1 280 1 320				
	28.6		532	4 229	1 720 1 770	1 220 1 250				
1×19W (1+6+6/6)	28.6	+0.40 −0.15	532	4 229	1 720 1 770 1 860	1 220 1 250 1 320	390			

注:1. 钢绞线弹性模量为(1.95±0.1)×10⁵ N/mm²,但不作为交货条件。

2. 极限强度标准值为 1 960 N/mm² 的钢绞线作为后张预应力配筋时,应使用可靠的配套锚具。

表 3.1.3-3　预应力螺纹钢筋的规格和力学性能

级别	公称直径 (mm)	公称截面积 (mm²)	理论重量 (kg/m)	屈服强度标准值 f_{pyk} (N/mm²)	极限抗拉强度标准值 f_{ptk} (N/mm²)	抗拉强度设计值 f_{py} (N/mm²)	抗压强度设计值 f'_{py} (N/mm²)	最大力下总伸长率 Agt (%)	应力松弛性能 1 000 h 后应力松弛率 (%)
								不小于	不大于
PSB 785	18	254.5	2.11	785	980	650			
PSB 830	25	490.5	4.10	830	1 030	710			
PSB 930	32	804.2	6.55	930	1 080	770	410	3.5	4.0
PSB 1080	40	1 256.5	10.34	1 080	1 230	900			
PSB 1200	50	1 963.5	16.28	1 200	1 330				

注：1. 钢筋弹性模量为 2.0×10^5 N/mm²。
　　2. 表中应力松弛率系初始应力为 80% 公称屈服强度下的值。

表 3.1.3-4　合金钢钢拉杆杆体力学性能

强度级别	杆体直径 D (mm)	屈服强度 R_{eH} (N/mm²)	抗拉强度 R_m (N/mm²)	断后伸长率 A (%)	断面收缩率 Z (%)	冲击吸收能量 KV_2 (J)	温度 (℃)
			不小于				
GLG 355	20～210	355	470	22	50	34	0
							−20
						27	−40
							−60
GLG 460	20～180	460	610	20	50	34	0
							−20
						27	−40
							−60
GLG 550	20～180	550	750	18	50	34	0
							−20
						27	−40
							−60

续表 3.1.3-4

强度级别	杆体直径 D （mm）	屈服强度 R_{eH} （N/mm²）	抗拉强度 R_m （N/mm²）	断后伸长率 A （%）	断面收缩率 Z （%）	冲击吸收能量 KV_2	
						（J）	温度 （℃）
			不小于				
GLG 650	20～150	650	850	15	45	34	0
							−20
						27	−40
							−60
GLG 750	20～130	750	950	13	45	34	0
							−20
						27	−40
							−60
GLG 850	20～130	850	1 050	10	45	34	0
							−20
						27	−40
							−60
GLG 1100	20～80	1 100	1 230	8	40	34	0
							−20
						27	−40
							−60

注:1. 钢拉杆由钢质杆体和连接件等组件组成,杆体屈服强度分为345、460、550、650、750、850 和 1100 七种强度级别,其代号由钢拉杆的汉语拼音字母 GLG 和代表杆体屈服强度值组成。

2. 钢拉杆的端头连接型式有螺纹连接的 U 型接头、O 型接头、单向绞螺纹接头和双向绞螺纹接头等。

3. 钢拉杆的普通螺纹应符合 GB/T 196 和 GB/T 197 中 7H/6g 的规定,梯形螺纹应符合 GB/T 5796 中的 8H/7e 的规定。

4. 根据钢拉杆的强度级别,对钢拉杆的杆体及组件可选用碳素结构钢、优质碳素结构钢、低合金高强度结构钢和合金结构钢等材料,其牌号及化学成分应分别符合 GB/T 700、GB/T 699、GB/T 1591 和 GB/T 3077 等标准的要求。

3.1.7 钢丝进场验收检验应符合下列规定：

1 钢丝的外观质量应逐盘(卷)检查，钢丝表面不得有油污、裂纹、机械损伤和目视可见的锈蚀麻点，表面允许有回火色和轻微浮锈。

2 钢丝的力学性能应按批抽样检验，每一检验批重量不应大于 60 t；从同一批中抽取 5%，但不少于 3 盘，在每盘钢丝的两端取样进行抗拉强度和伸长率的试验。当有 1 项试验结果不合格时，则该盘钢丝为不合格品；再从同批未试验过的钢丝盘中取双倍数量的试样重做试验，如仍有 1 项试验结果不合格，则该批钢丝判为不合格，也可逐盘检验取用合格品。

3 对设计文件中指定要求的钢丝应力松弛性能、疲劳性能、扭转性能、镦头性能等，应在订货合同中注明交货条件和验收要求。

3.1.8 钢绞线进场验收检验应符合下列规定：

1 钢绞线的外观质量应逐盘检查，钢绞线表面不得有油污、机械损伤和目视可见的锈蚀麻点，允许有轻微浮锈；钢绞线的捻距应均匀，切断后不松散。

2 钢绞线的力学性能应按批抽样检验，每一检验批重量不应大于 60 t；从同一批中任取 3 盘，在每盘中任意一端截取 1 根试件进行直径偏差和力学性能试验。如每批少于 3 盘，则应逐盘取样进行上述试验。试验结果如有一项不合格时，则该盘钢绞线为不合格品；再从该批未试验过的钢绞线中取双倍数量的试样进行复验，如仍有 1 项试验结果不合格，则该批钢绞线判为不合格，也可逐盘检验取用合格品。

3 对设计文件中指定要求的钢绞线应力松弛性能、疲劳性能和偏斜拉伸性能等，应在订货合同中注明交货条件和验收要求。

3.1.9 预应力螺纹钢筋进场验收检验应符合下列规定：

1 螺纹钢筋的外观质量应逐根检查，钢筋表面不得有裂纹、结疤和皱折,其螺纹制作面不得有凹凸、擦伤或裂痕,端部应切割平整。

2 螺纹钢筋的力学性能应按批抽样检验,每一检验批重量不应大于 100 t;从同一批中任取 2 根钢筋截取试件进行拉伸试验,当有 1 项试验结果不合格时,应取双倍数量的试件重做试验,如仍有 1 项复验结果不合格,则该批螺纹钢筋判为不合格。

3.1.10 混凝土结构用预应力筋的检验试验方法应按现行国家标准的规定执行。钢丝、钢绞线及螺纹钢筋拉伸试验时,应同时测定其弹性模量、单位长度重量。

3.1.11 钢拉杆进场验收应符合下列规定:

1 应按合同要求对钢拉杆型号、标志、包装和质量证明书等进行检查。

2 钢拉杆的外观质量应逐套检查,钢拉杆表面应光滑,不允许有目视可见的裂纹、折叠、分层、结疤和锈蚀等缺陷。经机加工的钢拉杆组件表面粗糙度不应低于 $Ra12.5$,钢拉杆表面防护处理应符合合同规定。

3 钢拉杆的质量检查和验收由供方技术质量监督部门进行。当设计单位或需方有要求时,应进行进场检验。检验项目、取样数量和试验方法应符合现行国家标准《钢拉杆》GB/T 20934 的有关规定。

3.1.12 拉索进场验收应符合下列规定:

1 应对拉索出厂报告、质量证明书、检测报告以及品种、规格、色泽、数量等进行检查。

2 拉索外观质量应无破损、无明显折痕、无难于清除的污垢及明显色差。

3 拉索护套表面应圆整、光洁、无损伤,护套厚度及外径误差应符合有关规定。

4 锚具、销轴及其他连接件表面无损伤和锈蚀,螺纹不得有任何碰伤,锚圈和锚杯能自由旋合。

5 拉索的质量检查和验收由供方技术质量监督部门进行。当设计单位或需方有要求时,应进行进场检验。检验项目、取样数量和试验方法应符合现行国家标准《体外预应力索技术条件》GB/T 30287 和现行行业标准《建筑工程用索》JG/T 330 的有关规定。

3.1.13 索体材料的弹性模量宜由试验确定。在未进行试验的情况下,索体材料的弹性模量可按表 3.1.13 取值。

表 3.1.13 索体材料弹性模量

索体类型	弹性模量(N/mm^2)
钢丝束	$(1.90\sim2.00)\times10^5$
钢绞线	$(1.85\sim1.95)\times10^5$
钢拉杆	2.06×10^5

3.1.14 索体材料的线膨胀系数宜由试验确定。在未进行试验的情况下,索体材料的线膨胀系数可按表 3.1.14 取值。

表 3.1.14 索体材料线膨胀系数

索体类型	线膨胀系数(1/℃)
钢丝束	1.84×10^{-5}
钢绞线	1.32×10^{-5}
钢拉杆	1.20×10^{-5}

3.2 涂层预应力筋

3.2.1 涂层预应力筋按涂层材料可分为镀锌钢丝、镀锌钢绞线、环氧涂层钢绞线、无粘结钢绞线、缓粘结钢绞线等。涂层预应力筋可根据结构类型、环境类别、防腐蚀要求等选用。

3.2.2 镀锌钢丝的规格和力学性能应符合现行国家标准《桥梁缆索用热镀锌钢丝》GB/T 17101 的规定;镀锌钢绞线的规格、镀锌层厚度和力学性能应符合现行行业标准《高强度低松弛预应力热镀锌钢绞线》YB/T 152 的有关规定。

3.2.3 填充型环氧涂层钢绞线的规格和力学性能应符合现行行业标准《环氧涂层预应力钢绞线》JG/T 387 的有关规定；单丝涂覆环氧涂层预应力钢绞线性能应符合现行国家标准《单丝涂覆环氧涂层预应力钢绞线》GB/T 25823 的有关规定。

3.2.4 缓粘结预应力钢绞线性能应符合现行行业标准《缓粘结预应力钢绞线》JG/T 369 的有关规定；制作缓粘结预应力筋粘合剂的初始粘度、固化后力学性能和耐久性等应符合现行行业标准《缓粘结预应力钢绞线专用粘合剂》JG/T 370 的有关规定。

3.2.5 缓粘结预应力筋的护套材料宜采用挤塑型高密度聚乙烯树脂，其外包护套应厚薄均匀，带肋护套表面横肋分明。

3.2.6 无粘结预应力钢绞线性能应符合现行行业标准《无粘结预应力钢绞线》JG/T 161 的规定；制作无粘结预应力筋的钢绞线及防腐油脂的质量应符合现行国家标准《预应力混凝土用钢绞线》GB/T 5224 和现行行业标准《无粘结预应力筋用防腐润滑脂》JG/T 430 的规定。

3.2.7 无粘结预应力钢绞线的护套应采用挤塑型高密度聚乙烯管，其性能和质量应符合现行国家标准《聚乙烯（PE）树脂》GB/T 11115 的规定。护套表面应光滑，无裂缝、凹陷、气孔及机械损伤等缺陷。

3.2.8 常用无粘结预应力钢绞线的规格和性能要求见表 3.2.8。

表 3.2.8　无粘结预应力钢绞线规格和性能

钢绞线			防腐润滑脂质量	护套厚度	摩擦系数		每米参考重量
公称直径（mm）	公称截面积（mm²）	公称强度（N/mm²）	（g/m）	（mm）	κ	μ	（g/m）
9.50	54.8	1 720 1 860 1 960	≥32	≥1.0	0.003～0.004	0.04～0.09	490

续表3.2.8

钢绞线			防腐润滑脂质量	护套厚度	摩擦系数		每米参考重量
公称直径 (mm)	公称截面积(mm²)	公称强度(N/mm²)	(g/m)	(mm)	κ	μ	(g/m)
12.7	98.7	1 720 1 860 1 960	≥43	≥1.0	0.003~0.004	0.04~0.09	870
15.2	140.0	1 570 1 670 1 720 1 860 1 960	≥50	≥1.0	0.003~0.004	0.04~0.09	1 220
15.7	150.0	1 720 1 860 1 960	≥53	≥1.0	0.003~0.004	0.04~0.09	1 310

3.2.9 缓粘结预应力钢绞线的主要规格和性能见表3.2.9。

表 3.2.9　缓粘结预应力钢绞线的主要规格和性能

钢绞线			护套厚度	横肋尺寸			摩擦系数		每米参考重量	
公称直径 (mm)	公称截面积 (mm²)	公称强度 (N/mm²)	(mm)	肋宽 a (mm)	肋高 h (mm)	肋间距 l (mm)	κ	μ	(g/m)	
15.20	140	1 570 1 670 1 720 1 860 1 960	$1.0^{+0.4}_{-0.2}$	4~11	≥1.2	10.0~16.0	0.004~0.012	0.06~0.12	1 350	
17.8	191	1 720 1 860	≥1.0	5~10	≥1.3	10.0~15.0	0.004~0.012	0.06~0.12	1×7结构	1 870
									1×19s结构	2 010

续表3.2.9

钢绞线			护套厚度	横肋尺寸			摩擦系数		每米参考重量	
公称直径（mm）	公称截面积（mm²）	公称强度（N/mm²）	（mm）	肋宽 a（mm）	肋高 h（mm）	肋间距 l（mm）	κ	μ	（g/m）	
21.8	313	1 810 1 860	≥1.0	7～9	≥1.6	11.0～15.0	0.004～0.012	0.06～0.12	1×19s结构	2 950
28.6	532	1 720 1 770 1 860	≥1.2	7～9	≥1.8	11.0～15.0	0.004～0.012	0.06～0.12	1×19s结构	4 800
									1×19w结构	4 800

注：张拉适用期内早期张拉时摩擦系数取小值，后期张拉时摩擦系数宜取大值。

3.2.10 涂层预应力筋进场时，除应按合同要求对其质量证明书、标志、包装和规格等进行检查外，尚应按下列规定进行检验：

1 钢丝和钢绞线的力学性能应按本标准第 3.1.7 条和第 3.1.8 条的要求进行复验。

2 镀锌钢丝、镀锌钢绞线和环氧涂层钢绞线的涂层表面应均匀、光滑、无裂纹；涂层厚度、连续性、粘附力应符合现行国家有关标准的规定。

3 无粘结预应力钢绞线的外观质量应逐盘检查，润滑脂用量和护套厚度应按批抽样检验，每批重量不大于 60 t，每批任取 3 盘，每盘各取 1 根试件。检验结果应符合现行行业标准《无粘结预应力钢绞线》JG/T 161 的规定。

4 缓粘结钢绞线的护套材料、厚度及横肋尺寸、粘合剂固化时间应符合国家现行有关标准的规定。

3.3 纤维增强复合材料筋

3.3.1 纤维增强复合材料混凝土构件应采用碳纤维增强复合材

料筋或芳纶纤维增强复合材料筋,且其纤维体积含量不应小于60%。纤维增强复合材料筋所采用的纤维和基体树脂应符合现行国家标准《结构工程用纤维增强复合材料筋》GB/T 26743 和《聚丙烯腈基碳纤维》GB/T 26752 等的规定。

3.3.2 纤维增强复合材料筋的截面面积应小于 300 mm^2。

3.3.3 纤维增强复合材料筋应符合以下规定:

    1 纤维增强复合材料筋的抗拉强度应按筋材的含树脂截面面积计算,其主要力学性能指标应符合表 3.3.3 的规定。

    2 纤维增强复合材料筋的抗拉强度应具有 99.87% 的保证率,其弹性模量和最大应力下的伸长率取平均值。

    3 不应采用表面光圆的纤维增强复合材料筋。

表 3.3.3 纤维增强复合材料筋的主要力学性能指标

类型	抗拉强度标准值（N/mm^2）	弹性模量（GPa）	伸长率（%）
碳纤维增强复合材料筋	≥1 800	≥120	≥1.5
芳纶纤维增强复合材料筋	≥1 300	≥65	≥2.0

3.3.4 纤维增强复合材料筋使用于新建房屋建筑工程时,应符合现行建筑和结构设计规范的规定。

3.4 锚具、夹具和连接器

3.4.1 预应力筋用锚具和连接器应根据预应力筋品种、锚固要求和张拉工艺等配套选用。常用预应力筋的锚具选型见表 3.4.1。

表 3.4.1 锚具选型

预应力筋品种	张拉端	固定端	
		安装在结构外部	安装在结构内部
钢绞线	夹片锚具	夹片锚具 挤压锚具	压花锚具 挤压锚具

续表3.4.1

预应力筋品种	张拉端	固定端	
		安装在结构外部	安装在结构内部
单根钢丝	夹片锚具 镦头锚具	夹片锚具 镦头锚具	镦头锚具
钢丝束	镦头锚具 冷(热)铸锚具	冷(热)铸锚具	镦头锚具
螺纹钢筋	螺母锚具	螺母锚具	螺母锚具/镦头锚具
钢拉杆	螺母锚具 销轴式锚具	螺母锚具 销轴式锚具	螺母锚具 销轴式锚具

注:1. 夹片锚具没有可靠措施时,不得用于预埋在混凝土中的固定端;压花锚具不
　　得用于无粘结预应力筋;不同型号的锚具部件不得混合使用。
　　2. 各类锚具的组成部件及构造参见本标准附录 A。

3.4.2 预应力筋用锚具、夹具和连接器的质量和性能应符合现行国家标准《预应力筋用锚具、夹具和连接器》GB/T 14370 的规定。

3.4.3 预应力混凝土工程中锚具、夹具和连接器的应用,除应满足现行行业标准《预应力筋用锚具、夹具和连接器应用技术规程》JGJ 85 的要求外,尚应符合本标准第 3.4.4~3.4.14 条的规定。

3.4.4 锚具应满足分级张拉、补张拉和放松拉力等张拉工艺的要求。锚固多根预应力筋的锚具,除应具有整束张拉的功能外,尚应具有单根张拉的性能;用于承受低应力或动荷载的夹片式锚具应具有防松装置。锚具的锚口摩擦损失率不宜大于 6%。

3.4.5 预应力筋用锚具的代换,应经原设计单位同意,并符合下列规定:

1 预应力筋品种代换需要配套代换锚具时,应考虑代换前后锚具变形和预应力筋的回缩值以及锚口摩擦损失的差异。

2 较高强度等级预应力筋用锚具(夹具或连接器)可用于较低强度等级的预应力筋;较低强度等级预应力筋用锚具(夹具或连接器)不得用于较高强度等级的预应力筋。

3 锚具代换不得影响锚下混凝土区的局部抗压承载力。

3.4.6 夹具和预应力张拉中反复使用的工具锚应具有良好的自锚、退锚和重复使用的性能,且主要锚固零件应具有良好的防锈性能。工具锚、夹具的可重复使用次数不宜少于300次。

3.4.7 在混凝土结构或构件中使用的预应力筋连接器,应符合锚具的性能要求;在施工中临时使用并需拆除的预应力筋连接器,应符合夹具的性能要求。

3.4.8 锚垫板应具有足够的强度和刚度,且应设置压浆孔或排气孔。后张预应力筋用锚具或连接器配套的锚垫板和局部受压钢筋应满足传力性能要求。

3.4.9 锚具、夹具和连接器进场时,除应按要求核对其型号、规格和强度等级外,尚应核对产品质量保证书、锚固区传力性能检验以及锚口摩阻损失测试报告等文件。

3.4.10 锚具、夹具和连接器应按下列规定进行进场检验:

1 外观检查:应从每批产品中抽取2%且不少于10套样品,其外形尺寸应符合产品质量证明书所示的尺寸范围,且表面不得有裂纹和锈蚀。当有下列情况之一时,应对本批产品的外观逐套检查,合格者方可进入后续检验:

  1)当有1个零件不符合产品质量保证书所示的外形尺寸,且另取双倍数量的零件重做检查时,仍有1件不合格;

  2)当有1个零件表面有裂纹或夹片、锚孔锥面有锈蚀时。

  对配套使用的锚垫板和螺旋筋,可按上述方法进行外观检查,但允许表面有轻度锈蚀。

2 硬度检查:对有硬度要求的锚具零件,应从每批产品中抽取3%且不少于5套样品(多孔夹片式锚具的夹片,每套抽取6片)进行检验,每个零件测试3点,其硬度值应符合产品质量保证书的规定。当有1个零件的硬度不符合时,应另取双倍数量的零件重做检验;如仍有1个零件不合格,应对该批产品逐个检验,合格者方可使用或进入后续检验。

3 静载锚固性能试验:应从外观检查和硬度检验均合格的同

批产品中抽取样品,与相应规格和强度等级的预应力筋组装成 3 个组装件,进行静载锚固性能试验。当有 1 个组装件不符合要求时,应另取双倍数量的样品重做试验;若仍有 1 个组装件不符合要求,则该批产品判为不合格品。静载锚固性能试验应符合现行国家标准《预应力筋用锚具、夹具和连接器》GB/T 14370 的规定。

3.4.11 对于锚具用量较少的一般工程,如供货方提供有效的试验报告,进场检验可不做静载锚固试验,但须对锚具的外观、机加工尺寸和夹片硬度做抽样检验,质量应符合产品标准要求。

3.4.12 对有需要进行锚具疲劳试验或抗震特殊要求的工程,应按现行国家标准《预应力筋用锚具、夹具和连接器》GB/T 14370 的规定进行疲劳性能或低周反复荷载性能试验。

3.4.13 锚具、夹具和连接器进场检验时,每个检验批的锚具不宜超过 2 000 套,每个检验批的连接器和夹具不宜超过 500 套,获得第三方独立认证的产品,其检验批的批量可扩大 1 倍,每批产品的抽检比例减半。检验合格的产品,在现场的存放期超过 1 年再使用时,应进行外观检查。

3.4.14 预应力筋用锚具产品应配套使用,同一结构或构件中应采用同一生产厂的产品,工作锚不得作为工具锚使用。

3.4.15 预应力钢结构工程中应用的拉索锚具应符合下列规定:

    1 冷铸锚具和热铸锚具的性能、质量与验收应符合现行行业标准《塑料护套半平行钢丝拉索》CJ 3058 的规定。

    2 挤压锚具、夹片锚具的性能、质量与验收应符合现行行业标准《预应力筋用锚具、夹具和连接器应用技术规程》JGJ 85 的规定。

    3 钢拉杆锚具的性能、质量与验收应符合现行国家标准《钢拉杆》GB/T 20934 的规定。

3.4.16 拉索锚具及其组装件的极限承载力不应低于索体的最小破断力。钢拉杆接头的极限承载力应不低于杆体的最小破断力。

3.4.17 拉索锚具有动载和抗震性能要求时,应符合现行国家标准《预应力锚具、夹具和连接器》GB/T 14370 和现行行业标准《建筑工程用索》JG/T 330 的规定。

3.5 成孔材料

3.5.1 在后张预应力混凝土结构或构件中,预埋成孔管材有金属波纹管、塑料波纹管和钢管等。

3.5.2 金属波纹管的规格和质量应符合现行行业标准《预应力混凝土用金属波纹管》JG 225 的规定;塑料波纹管的制作材料、规格和质量应符合现行行业标准《预应力混凝土桥梁用塑料波纹管》JT/T 529 的规定。金属波纹管和塑料波纹管的规格可参见本标准附录 B。

3.5.3 成孔材料进场验收应符合下列规定:

1 成孔材料进场时,除应按要求核对其类别、型号、规格外,尚应检查其出厂合格证和质量保证书等文件。

2 成孔材料应按批检验。金属波纹管每批应由同一批钢带生产的产品组成,累计半年或 50 000 m 生产量为一批,不足半年产量或 50 000 m 也作为一批的,则取产量最多的规格;塑料波纹管每批应由同一配方、同一生产工艺、同设备稳定连续生产的产品组成,每批数量应不超过 10 000 m。

3 检验时,应先进行外观质量的检查,合格后,再对其规格尺寸、集中荷载下的径向刚度、荷载作用后的抗渗漏及弯曲后抗渗漏等进行检验。当有不合格项时,应取双倍数量的试件对该不合格项进行复验;复验仍不合格时,则该批产品为不合格。

4 检验方法应符合现行行业标准《预应力混凝土用金属波纹管》JG 225 或《预应力混凝土桥梁用塑料波纹管》JT/T 529 的规定。

3.6 灌浆材料

3.6.1 孔道灌浆材料可分为专用成品灌浆料、专用压浆剂配置的灌浆料和普通硅酸盐水泥,应根据工程的具体情况和重要程度合理选用。

3.6.2 孔道灌浆用水泥的强度等级不宜低于 42.5 级,其性能与质量应符合现行国家标准《硅酸盐水泥、普通硅酸盐水泥》GB 175 的规定。

3.6.3 孔道灌浆用外加剂应与水泥具有良好的相容性,且不得含有氯盐、亚硝酸盐或其他对预应力筋有腐蚀作用的成分,应符合现行国家标准《混凝土外加剂》GB 8076 和《混凝土外加剂应用技术规范》GB 50119 的规定。

3.6.4 孔道灌浆用水泥、压浆剂以及专用成品灌浆料进场时应核对产品合格证和出厂检验报告,并做进场检验。灌浆材料和拌合用水不应含有对预应力筋有害的化学成分,其中氯离子含量不应超过胶凝材料总质量的 0.06%。

3.7 材料存放

3.7.1 预应力材料应分类、分规格装运和堆放,进场后要按指定地点堆放整齐,标识、标牌应齐全。室外存放时,不得直接堆放在地面上,应采取架空、防水和防腐蚀措施,避免火种,远离热源。长期存放时,应置于仓库内,仓库应干燥、防潮、通风良好、无腐蚀气体和介质。在潮湿环境中存放,宜采用防潮纸包装或水溶性防锈材料涂敷。

3.7.2 预应力筋盘卷存放时,应确保其盘径不致过小而影响预应力筋的力学性能。

3.7.3 涂层预应力筋的捆扎带应加衬垫防止搬运过程中损坏。在运输、装卸过程中应轻装、轻卸。应采用尼龙吊索,严禁钢丝绳或其他坚硬吊具与涂层预应力筋的外包护套直接接触,不得摔掷或在地面拖拉,应避免机械损伤涂层预应力筋。

3.7.4 钢拉杆在运输和储存过程中,应避免碰撞,防止损伤。

3.7.5 灌浆材料运输时应防止雨淋、暴晒,并保持包装的完好无损。

4 施工机具

4.1 制束机具

4.1.1 预应力筋用液压镦头器是制作高强钢丝镦头锚固端的设备,镦头器型号应与钢丝直径相匹配。镦头设备宜附有切筋器,切断的钢丝切头应平整。

4.1.2 预应力筋用挤压机是制作钢绞线挤压锚的成型设备,主要由液压千斤顶、机架和挤压模等组成(图 4.1.2)。挤压机的缩径模具应与挤压套配套使用。

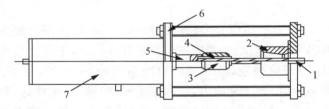

1—钢绞线;2—挤压模;3—挤压套;4—异形钢丝衬圈;5—顶杆;6—机架;7—千斤顶

图 4.1.2　挤压机工作示意图

4.1.3 预应力钢绞线用压花机是制作预应力钢绞线埋入式梨形固定端的设备,主要由液压千斤顶、活塞杆、机架和夹具等组成(图 4.1.3)。钢绞线经压花机压散成梨状,埋入混凝土中,并留一定粘结长度,构成预应力筋固定端。

4.1.4 电动圆盘砂轮切割机是工程中切割各种预应力筋的常用机具,圆盘砂轮切割机分为台式和手提式,可根据实际工程情况选用。

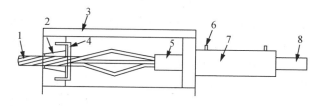

1—钢绞线;2—夹具;3—机架;4—夹紧把手;5—活塞杆;6—油嘴;7—油缸;8—扶把

图 4.1.3　压花机工作示意图

4.2　张拉机具

4.2.1　预应力用电动油泵是液压千斤顶和液压镦头器、固定端挤压机、固定端压花机等液压机具的动力源。电动油泵的额定压力和公称流量应与机具的要求相配套。

4.2.2　电动油泵使用前,应逐台进行以下检验:

1　电气绝缘良好,接零良好,电气开关通断均正常。

2　空载运转正常后,测得的空载流量应不低于理论空载流量的 93%,且应不高于理论空载流量的 105%。

3　空载检验合格后应进行满载运行检验。油泵在额定工况下运转时,2 min 内压力表的示值波动范围不应超过额定压力的 ±2%;二级变量泵变量阀的实际变量压力与设计变量压力的差值不应大于 1 N/mm²;在额定压力下持荷 3 min,各控制阀的总压力下降不应大于 3 N/mm²。

4　满载性能试验合格后应进行超载运行检验。超载检验过程中,油泵不应有外渗漏、异常噪声,且不应有振动和升温等异常现象。

5　通过检验合格的油泵应作专门标识,不合格的油泵应排除故障,重新检修合格后再准予使用。

4.2.3 电动油泵使用时,应符合下列规定:

1 预应力用电动油泵宜根据环境温度及使用压力选择具有一定防锈和抗磨能力的液压油,液压油使用温度应在 $-15\ ℃\sim65\ ℃$ 范围内,运动粘度应满足 $15\ mm^2/s\sim50\ mm^2/s$,油液中固体颗粒污染等级不应高于《液压传动 油液 固体颗粒污染等级代号》GB/T 14039 规定的 $-/19/16$。应控制水和空气对工作介质的污染。

2 油泵在使用过程及存放中,应特别注意清洁保养。在油管拆装时,严禁将泥沙、污垢带入油管内及油箱中。液压油要定期更换,通常在半年或累计使用 500 h 后应更换一次。加油或换油时,应使用钢丝网布过滤。油内不得渗入水分,避免造成锈蚀。

3 油泵中使用的密封件应与输油管、管接头及液压油的使用条件相适应。当采用聚氨酯材料制造的密封圈和防尘圈时,应注意防水、防潮,以延长使用寿命。油泵压力大于 $45\ N/mm^2$ 时,宜采用铜质密封圈。

4 电源应设置可靠的零线和漏电保护装置,防止油泵电机外壳漏电伤人。

5 压力表最小分度值不应大于 $1.0\ N/mm^2$、精度不低于0.4 级,表盘量程应不低于工作最大油压的 1.2 倍。压力表应采用防震型。

4.2.4 预应力用液压千斤顶可分为穿心式和实心式两种。穿心式千斤顶可分为前卡式、后卡式和穿心拉杆式;实心式千斤顶可分为顶推式、机械自锁式和实心拉杆式。工程中应根据预应力筋和锚具的种类加以选用,千斤顶的张拉力及行程应选择适当。千斤顶分类和示意图见表 4.2.4。

穿心式、顶推式和实心拉杆式千斤顶负载效率不应低于95%,机械自锁式千斤顶负载效率不应低于 93%。长期运行前后,千斤顶负载效率的变化不应大于 3%。

表 4.2.4 千斤顶分类和示意图

分　类		分类代号	示意图
穿心式千斤顶	前卡式	YDCQ	
	后卡式	YDC	
	穿心拉杆式	YDCL	
实心式千斤顶	顶推式	YDT	
	机械自锁式	YDS	
	实心拉杆式	YDL	

4.2.5　液压千斤顶使用前,应逐台进行以下检验:

　　1　用额定压力相同的油管连接油泵和千斤顶,进行空载试验。千斤顶空载试验启动压力应不大于额定压力的 3%;千斤顶行程不得小于公称行程;不得有油液向外泄漏。

　　2　空载试验合格后应进行满载试验。在额定压力下,当采用降压法测量千斤顶内泄漏量时,5 min 内压降值不应大于额定压力的 3%,且 5 min 内活塞回缩量不应大于 0.5 mm。满载试验时,应无油液向外泄漏。

　　3　满载试验合格后,应进行超载性能试验。千斤顶在 1.25 倍额定压力下应无液压油泄漏,油缸无异常变形;卸荷后,油缸应无残余变形,活塞表面无划伤。

4 通过检验合格的千斤顶应作专门标识,不合格的千斤顶应排除故障,重新检修合格后再准予使用。

4.2.6 液压千斤顶使用时,应符合下列规定:

1 千斤顶与油泵处于同一油路,公称油压应一致,用油要求应相同。

2 千斤顶采用的密封件应与液压油使用条件相适应。当采用聚氨酯材料制造的密封圈和防尘圈时,应注意防水、防潮,以延长使用寿命。

3 千斤顶和压力表应经过配套检验,并在有效期内。

4.2.7 智能张拉系统应符合下列规定:

1 智能张拉系统应出具合格证书、检测报告及操作手册。

2 智能张拉系统的性能应满足现场使用的环境要求。

3 智能张拉系统应具备以下功能:

1) 智能张拉系统应采用工业级电脑芯片及软件,应具备自动控制多台千斤顶同时、同步和分级进行预应力筋的张拉功能,张拉油缸宜轻型化、小型化并应满足张拉力要求,张拉力同步精度应不低于±0.5%,油缸伸长量同步精度应不低于±1 mm;

2) 智能张拉系统应配备独立于千斤顶油缸的自动测量测力计,测量精度应不低于±0.5 t;

3) 智能张拉系统应配备油缸伸长量自动测量位移传感器,测量精度应不低于±0.1 mm;

4) 智能张拉系统内设备连接宜采用有线连接方式,现场条件不具备时,可采用无线传输方式;

5) 智能张拉系统应按照设计文件及施工规范要求进行张拉程序设计,以控制千斤顶张拉力为主,实时采集伸长量并自动校核伸长量误差是否在±6%以内,同时,初应力、加载速率、最终加载值和持荷时间等参数须满足施工规范要求;

6）智能张拉系统应具备张拉参数触控输入、一键启动、实时记录与计算、数据不可修改、自动生成及打印张拉记录表等功能；

7）智能张拉系统应具有分次倒顶功能，分次倒顶的数据应能自动合并；

8）智能张拉系统应具备故障智能处理功能，特别是针对张拉力异常、伸长量及两端差值过大、孔道堵管等情况制定对应处理程序；

9）智能张拉系统应具备针对突然断电等意外情况时的手动应急功能；

10）智能张拉系统操作界面应简洁友好、输入方便，重要参数及各类曲线图表显示应清晰明了；

11）智能张拉系统宜建立数据互联网平台，具备远程上传、实时监控、共享交互、多级多重权限管理等功能。

4.3 灌浆机具

4.3.1 灌浆机具是在后张法预应力筋张拉后，向孔道里灌注浆体所用的设备。传统的灌浆机具包括灰浆搅拌设备和灌浆泵；真空辅助灌浆机具包括真空泵、灰浆搅拌系统和密封管道、管件、阀门管路系统等。

4.3.2 孔道灌浆应采用可连续作业的活塞式灌浆泵，活塞式灌浆泵应符合下列规定：

1 设备应经过技术鉴定，并具有出厂检验合格证书。

2 设备技术指标应符合现行相关标准的要求。

3 设备电器控制部分应具有防水、防震、防尘措施，输出压力不应小于 0.6 N/mm²，且使用前应进行空载运转试验，运转时间不应少于 30 min，机器运转平稳、正常，无异常。

4 灌浆泵所配压力表的最小分度值应不大于 0.1 N/mm²，

最大量程应使实际工作压力在其 25%～75% 的量程范围内,且压力表应检验合格,并在有效使用期内。

    5 灌浆泵宜与具有能连续搅拌功能的高速搅拌机和贮浆桶配套使用。

4.3.3 高速灰浆搅拌机应符合下列规定:

    1 设备应经过技术鉴定,并具有出厂检验合格证书。

    2 搅拌机叶片端部的线速度不宜小于 10 m/s,最高线速度宜限制在 20 m/s 以内,且具备在规定时间内将浆体搅拌均匀的能力。

4.3.4 真空泵用于对预应力孔道抽真空,选用设备应能使密闭的预应力孔道产生 0.08 N/mm^2～0.10 N/mm^2 负压力。所配真空表应经检验合格,并在有效使用期内。

4.3.5 智能灌浆系统应符合下列规定:

    1 智能灌浆系统应出具合格证书及操作手册。

    2 智能灌浆系统的性能应满足现场使用的环境要求。

    3 智能灌浆系统应具备以下功能:

        1) 自动监测管道压力损失,以出浆口满足规范最低压力值来设置灌浆压力值;

        2) 自动精确调节灌浆压力,以保证全管路按规范要求的大小和时间持压稳压;

        3) 实时监控流量,以发现管道是否畅通,核实灌浆量;

        4) 自动上料,水泥、压浆剂、水的称量应精确到±1%;

        5) 应具备灌浆参数触控输入、一键启动、实时记录、数据不可修改、自动生成及打印灌浆记录表等功能;

        6) 智能灌浆系统应具备故障智能处理和手动应急功能,特别是压力表振动剧烈、发生漏油、电动机声音异常等情况制定对应处理程序;

        7) 智能灌浆系统操作界面应简洁友好、输入方便,重要参数显示应清晰明了;

8） 智能灌浆系统宜建立数据互联网平台，具备远程上传、实时监控、共享交互、多级多重权限管理等功能。

4.4　设备的标定与维护

4.4.1　用于预应力施工的各种机具、设备及仪表，应由专人保管，定期保养和维护。张拉用千斤顶和压力表应配套标定，并配套使用。张拉设备的标定期限不应超过半年。

4.4.2　当施工过程中发生下列情况之一时，张拉设备应重新标定：

1　千斤顶初次使用前。

2　标定后使用时间超过 6 个月或张拉次数超过 300 次。

3　使用过程中千斤顶、压力表或传感器出现异常情况。

4　千斤顶、传感器进行检修或更换配件后。

5　压力表更换后。

采用测力传感器测量张拉力时，测力传感器应按现行国家标准的相关规定每年送检一次。

4.4.3　千斤顶与压力表的配套标定，可用测力计或计量合格的压力试验机等方法。压力试验机和测力计的测力示值不确定度不应大于 0.5%。标定时，千斤顶活塞的运行方向应与实际张拉工作状态一致；当采用压力试验机标定时，以压力试验机的读数为准。

4.4.4　各种机具设备及仪表的标定应在具有检测条件和相应资质的机构进行，并出具检测报告。千斤顶配套检验报告应包含张拉力与压力表读数之间的关系曲线。

5 施工计算与深化设计

5.1 一般规定

5.1.1 预应力混凝土结构构件的张拉、运输及安装等应符合设计规定的工况,当施工工况与设计规定不符时,应对施工阶段进行承载能力极限状态验算和截面应力验算,且应征得主体结构设计单位认可。

5.1.2 进行结构构件施工阶段验算时,应考虑预加力、构件自重及施工阶段荷载等,并将构件自重乘以动力系数。动力系数取值应符合下列规定:

    1 建筑工程预应力混凝土构件吊装、运输时,动力系数可取1.5;构件翻转及安装过程中就位、临时固定时,动力系数可取1.2。当有可靠经验时,动力系数可根据实际受力情况和安全要求适当增减。

    2 桥梁工程预应力混凝土构件在吊装、运输时,动力系数可取1.2(对结构不利时)或0.85(对结构有利时),并可视构件具体情况作适当增减。

5.1.3 荷载分批施加和采取分批张拉的预应力混凝土转换梁等构件应分别对不同的荷载工况和张拉阶段进行施工验算。

5.1.4 大跨度复杂预应力混凝土结构应对张拉过程中结构的内力和变形进行验算,确定张拉顺序和施工控制参数。

5.2 预应力筋下料长度

5.2.1 后张法预应力混凝土构件和钢构件中采用钢绞线束夹片

锚具时,钢绞线的下料长度 L 可按下列公式计算(图 5.2.1):

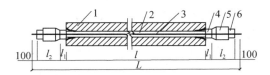

1—混凝土构件;2—预应力孔道;3—钢绞线;4—夹片式工作锚;
5—张拉用千斤顶;6—夹片式工具锚

图 5.2.1 采用夹片锚具时钢绞线的下料长度

1 两端张拉

$$L = l + 2(l_1 + l_2 + 100) \quad (5.2.1\text{-}1)$$

2 一端张拉

$$L = l + 2(l_1 + 100) + l_2 \quad (5.2.1\text{-}2)$$

式中: l ——构件的孔道长度(mm),对抛物线孔道,可按本标准

第 5.2.4 条计算;

l_1 ——夹片式工作锚厚度(mm);

l_2 ——张拉用千斤顶长度(含工具锚)(mm),采用前卡式千

斤顶时,仅算至千斤顶体内工具锚处。

5.2.2 后张法混凝土构件中采用钢丝束镦头锚具时,钢丝的下料

长度 L 可按预应力筋张拉后螺母位于锚杯中部计算(图 5.2.2):

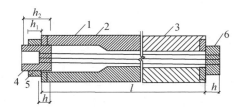

1—混凝土构件;2—孔道;3—钢丝束;4—锚杯;5—螺母;6—锚板

图 5.2.2 采用镦头锚具时钢丝的下料长度

$$L = l + 2(h + s) - K(h_2 - h_1) - \Delta L - c \qquad (5.2.2)$$

式中：l ——构件的孔道长度(mm)，按实际尺寸；

　　　h ——锚杯底部厚度或锚板厚度(mm)；

　　　s ——钢丝镦头留量(mm)，对 $\phi^P 5$ 取 10 mm；

　　　K ——系数，一端张拉时，取 0.5，两端张拉时，取 1.0；

　　　h_2 ——锚杯高度(mm)；

　　　h_1 ——螺母高度(mm)；

　　　ΔL ——钢丝束张拉伸长值(mm)；

　　　c ——张拉时构件的弹性压缩值(mm)。

5.2.3　先张法构件采用长线台座生产工艺时，预应力筋的下料长度 L 可按下式计算(图 5.2.3)：

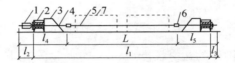

1—张拉装置；2—钢横梁；3—台座；4—工具式拉杆；
5—预应力筋；6—连接器；7—待浇混凝土构件

图 5.2.3　长线台座法预应力筋的下料长度

$$L = l_1 + l_2 + l_3 - l_4 - l_5 \qquad (5.2.3)$$

式中：l_1 ——长线台座长度；

　　　l_2 ——张拉装置长度(含外露工具式拉杆长度)；

　　　l_3 ——固定端所需长度；

　　　l_4 ——张拉端工具式拉杆长度；

　　　l_5 ——固定端工具式拉杆长度。

　　同时，预应力筋下料长度应满足构件在台座上的排列要求。预应力筋直接在钢横梁上张拉和锚固时，可取消 l_4 与 l_5 值。

5.2.4　构件中预应力筋按抛物线形状布置时，预应力筋在构件中的孔道长度按下式计算：

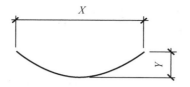

图 5.2.4 曲线孔道长度计算简图

$$l = \left(1 + \frac{8Y^2}{3X^2}\right) X \qquad (5.2.4)$$

式中:Y——曲线孔道的垂度(矢高);

X——孔道水平投影长度。

对多曲线段或直线段与曲线段组成的预应力筋,孔道长度应分段计算,然后进行叠加。

5.2.5 钢结构中预应力拉杆、拉索下料长度的计算应符合本标准第 11.3.2 条的有关规定。

5.2.6 缓粘结预应力钢绞线应按工程所需的长度和锚固形式进行下料和组装,并应采取措施防止缓粘结剂从端头流出。下料长度应综合考虑其曲率、锚固端保护层厚度,并应根据不同的张拉方式和锚固长度预留张拉长度。

5.2.7 缓粘结预应力钢绞线下料时,应对同批缓粘结预应力钢绞线留样观察,观察同条件下其固化情况。固化期不宜超过 2 年。

5.3 预应力筋张拉力

5.3.1 预应力筋的张拉控制力 F_{con} 应按下式计算:

$$F_{con} = \sigma_{con} \cdot A_p \qquad (5.3.1)$$

式中:σ_{con} ——预应力筋的张拉控制应力,若设计图纸上标明的是锚下张拉控制应力,则须计入锚圈口预应力损失,二者相加即为张拉控制应力;

A_p ——预应力筋的截面面积。

5.3.2 预应力筋的张拉控制应力 σ_{con} 应符合设计要求。当设计未规定时,应符合下列规定:

1 钢丝、钢绞线

$$\sigma_{con} \leqslant 0.75 f_{ptk} \qquad (5.3.2\text{-}1)$$

2 预应力螺纹钢筋

$$\sigma_{con} \leqslant 0.85 f_{pyk} \qquad (5.3.2\text{-}2)$$

3 钢结构拉索

$$\sigma_{con} \leqslant 0.60 f_{ptk} \qquad (5.3.2\text{-}3)$$

4 纤维增强复合材料

$$0.40 f_{ptk} \leqslant \sigma_{con} \leqslant 0.65 f_{ptk} \qquad (5.3.2\text{-}4)$$
$$0.35 f_{ptk} \leqslant \sigma_{con} \leqslant 0.55 f_{ptk} \qquad (5.3.2\text{-}5)$$

采用碳纤维增强复合材料筋时,张拉控制应力应按照公式(5.3.2-4)执行;采用芳纶纤维增强复合材料筋时,张拉控制应力应按照公式(5.3.2-5)执行。

钢丝、钢绞线的张拉控制应力不应小于 $0.4 f_{ptk}$;预应力螺纹钢筋的张拉控制应力不宜小于 $0.5 f_{ptk}$。

5.3.3 在混凝土结构施工中,当预应力筋超张拉或计入锚口预应力损失时,其最大张拉控制应力:对消除应力钢丝和钢绞线为 $0.8 f_{ptk}$(f_{ptk} 为预应力筋抗拉强度标准值),对中强度预应力钢丝为 $0.75 f_{ptk}$,对预应力螺纹钢筋为 $0.90 f_{pyk}$(f_{pyk} 为预应力螺纹钢筋的屈服强度标准值)。

5.3.4 预应力筋中建立的有效预应力值 σ_{pe} 可按下式计算:

$$\sigma_{pe} = \sigma_{con} - \sum_{i=1}^{n} \sigma_{li} \qquad (5.3.4)$$

式中:$\displaystyle\sum_{i=1}^{n} \sigma_{li}$ ——各项预应力损失之和。

在混凝土结构施工中,对预应力钢丝和钢绞线,其有效预应力值 σ_{pe} 不宜大于 $0.65f_{ptk}$,也不宜小于 $0.4f_{ptk}$;对预应力螺纹钢筋,其有效预应力值 σ_{pe} 不宜大于 $0.8f_{pyk}$ 。

5.3.5 钢结构预应力施工中,应根据设计要求、施工工艺及现场实际情况,并经施工计算分析后综合确定拉索的初始张拉力。

5.4 预应力损失

5.4.1 预应力筋中的预应力损失值可按表 5.4.1 的规定计算。

表 5.4.1 预应力损失值(N/mm^2)

引起损失的因素		符号	先张法构件	后张法构件
张拉端锚具变形和预应力筋内缩		σ_{l1}	按本标准第 5.4.3 条的规定计算	按本标准第 5.4.3 条的规定计算
预应力筋的摩擦	与孔道壁之间的摩擦	σ_{l2}	—	按本标准第 5.4.4 条和第 5.4.5 条的规定计算
	张拉端锚口摩擦		按实测值和厂家提供的数据计算	
	在转向装置处的摩擦		按本标准第 5.4.4 条的规定计算	
混凝土加热养护时,预应力筋与承受拉力的设备之间的温差		σ_{l3}	$2\Delta t$	—
预应力筋的应力松弛		σ_{l4}	按本标准第 5.4.6 条的规定计算	
混凝土的收缩和徐变		σ_{l5}	按本标准第 5.4.7 条的规定计算	
用螺旋式预应力筋作配筋的环形构件,当直径 d 不大于 3 m 时,由于混凝土的局部挤压		σ_{l6}	—	30

注:表中 Δt 为混凝土加热养护时,预应力筋与承受拉力的设备之间的温差(℃)。

5.4.2 预应力构件在各阶段的预应力损失值按表 5.4.2 的规定进行组合。

表 5.4.2 各阶段预应力损失值的组合

预应力损失值的组合	先张法构件	后张法构件
混凝土预压前(第一批)损失 σ_l^I	$\sigma_{l1} + \sigma_{l2} + \sigma_{l3} + \sigma_{l4}$	$\sigma_{l1} + \sigma_{l2}$
混凝土预压后(第二批)损失 σ_l^{II}	σ_{l5}	$\sigma_{l4} + \sigma_{l5} + \sigma_{l6}$

注:先张法构件由于预应力筋应力松弛引起的损失值 σ_{l4} 在第一批损失和第二批损失中所占的比例,如需区分,可根据实际情况确定。

当计算求得的预应力总损失值小于下列数值时,应按下列数值取用:

先张法构件　　　　100 N/mm²;

后张法构件　　　　80 N/mm²。

5.4.3 张拉端锚固时,由于锚具变形和预应力筋内缩引起的预应力损失值 σ_{l1} 可按不同的预应力筋线形分别计算。

1 直线预应力筋的锚固损失,可按下式计算:

$$\sigma_{l1} = \frac{a}{l} E_p \qquad (5.4.3-1)$$

式中:a ——张拉端锚具变形和预应力筋的内缩值,可按表5.4.3取用,当需要实测预应力筋的内缩量时,可按本标准附录 C 的规定执行;

　　　l ——张拉端至固定端的距离(mm);

　　　E_p ——预应力筋的弹性模量。

表 5.4.3 张拉端锚具变形和预应力筋内缩值 a(mm)

锚具类别		a
支承式锚具	钢丝束镦头锚具　　螺母缝隙	1
	每块后加垫板的缝隙	1
	螺母锚具(用于螺纹钢筋)	1
夹片式锚具	有顶压时	5
	无顶压时	6~8

注:1. 表中的锚具变形和预应力筋内缩值也可根据实测数据确定。

　　2. 其他类别的锚具变形和预应力筋内缩值应根据实测数据确定。

块体拼成的结构,其预应力损失尚应计及块体间填缝的预压变形。当采用水泥砂浆或环氧树脂砂浆为拼缝材料时,每条接缝的预压变形值可取为 1 mm。

2 曲线或折线预应力筋的锚固损失,应根据孔道反向摩擦影响长度范围内的预应力筋总变形值等于预应力筋内缩值的变形协调原理计算(图 5.4.3-1),即

$$a = \frac{\omega}{E_p} \qquad (5.4.3-2)$$

式中:ω ——锚固损失影响区段的应力图形面积。

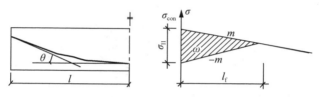

图 5.4.3-1 锚固损失计算

1) 对抛物线形预应力筋,张拉端锚固损失可按下列公式计算:

$$\sigma_{l1} = 2ml_f \qquad (5.4.3-3)$$

$$l_f = \sqrt{\frac{aE_p}{m}} \qquad (5.4.3-4)$$

$$m = \frac{\sigma_{con}(\kappa l + \mu\theta)}{l} \qquad (5.4.3-5)$$

式中:m ——孔道摩擦损失斜率;

l_f ——孔道反向摩擦影响长度(mm);

κ ——考虑孔道每米长度局部偏差的摩擦影响系数,按表 5.4.4-1 选用;

μ ——预应力筋与孔道壁之间的摩擦系数,按表 5.4.4-1 选

用,对于缓粘结预应力,为缓粘结预应力筋与护套壁之间的摩擦系数;

θ ——从张拉端至计算截面曲线孔道各部分切线的夹角之和(rad)。

当 $l_\mathrm{f} \leqslant l$ 时,跨中处 $\sigma_{l1} = 0$;

当 $l_\mathrm{f} > l$ 时,跨中处 $\sigma_{l1} = 2m(l_\mathrm{f} - l)$。

2)对由正、反抛物线组成的预应力筋,锚固损失消失于曲线反弯点外的情况(图 5.4.3-2),张拉端锚固损失可按下列公式计算:

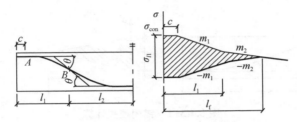

图 5.4.3-2 锚固损失消失于反弯点外的计算

$$\sigma_{l1} = 2m_1(l_1 - c) + 2m_2(l_\mathrm{f} - l_1) \qquad (5.4.3-6)$$

$$l_\mathrm{f} = \sqrt{\frac{aE_\mathrm{p} - m_1(l_1^2 - c^2)}{m_2} + l_1^2} \qquad (5.4.3-7)$$

$$m_1 = \frac{\sigma_\mathrm{A}(\kappa l_1 - \kappa c + \mu\theta)}{l_1 - c} \qquad (5.4.3-8)$$

$$m_2 = \frac{\sigma_\mathrm{B}(\kappa l_2 + \mu\theta)}{l_2} \qquad (5.4.3-9)$$

3)对折线形预应力筋,锚固损失消失于折点外的情况(图 5.4.3-3),张拉端锚固损失可按下列公式计算:

$$\sigma_{l1} = 2m_1 l_1 + 2\sigma_1 + 2m_2(l_\mathrm{f} - l_1) \qquad (5.4.3-10)$$

$$l_f = \sqrt{\frac{aE_p - m_1 l_1^2 - 2\sigma_1 l_1}{m_2} + l_1^2} \qquad (5.4.3\text{-}11)$$

式中：
$$m_1 = \sigma_{con}\kappa$$
$$\sigma_1 = \sigma_{con}(1 - \kappa l_1)\mu\theta$$
$$m_2 = \sigma_{con}(1 - \kappa l_1)(1 - \mu\theta)\kappa$$

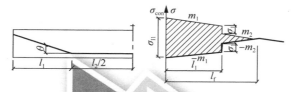

图 5.4.3-3　锚固损失消失于折点外的计算

5.4.4　预应力筋与孔道壁之间的摩擦引起的预应力损失 σ_{l2} 可按下式计算(图 5.4.4)：

$$\sigma_{l2} = \sigma_{con}\left[1 - e^{-(\kappa x + \mu\theta)}\right] \qquad (5.4.4\text{-}1)$$

当 $(kx + \mu\theta) \leqslant 0.3$ 时，σ_{l2} 可按下列近似公式计算：

$$\sigma_{l2} = (\kappa x + \mu\theta)\sigma_{con} \qquad (5.4.4\text{-}2)$$

式中：x ——从张拉端至计算截面的孔道长度(m)。

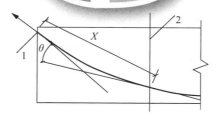

1—张拉端；2—计算截面

图 5.4.4　孔道摩擦损失计算

对多种曲率或直线段与曲线段组成的孔道,应分段计算孔道摩擦损失。

空间曲线束可按平面曲线束公式计算，θ 角取空间曲线包角，x 取空间曲线弧长。

表 5.4.4-1　预应力钢丝和钢绞线的摩擦系数

孔道成型方式	κ 值	μ 值	
		钢绞线、钢丝束	预应力螺纹钢筋
预埋金属波纹管	0.0015	0.20～0.25	0.50
预埋塑料波纹管	0.0015	0.15～0.20	0.45
预埋钢管	0.0010	0.25	—
预埋铁皮管	0.0030	0.35	0.40
抽芯成型	0.0015	0.55	0.60
无粘结预应力钢绞线	0.0040	0.09	—
缓粘结预应力钢绞线	0.0060	0.12	—

注：1. 表中系数也可根据实测数据确定。
　　2. 采用锥塞式锚具、多孔夹片锚具和变角张拉装置时，尚应考虑锚口处的附加摩擦损失，其值可根据实测数据确定。
　　3. 对于缓粘结预应力钢绞线，其摩擦系数随时间逐渐增大，开始时，与无粘结钢绞线摩擦系数相同。

一般情况下，体外预应力束在转向装置处的摩擦损失值 σ_{l2} 宜按下式计算：

$$\sigma_{l2} = \mu\theta\sigma_{con} \tag{5.4.4-3}$$

式中：θ ——体外束在转向块处的弯折转角（rad）；

　　　μ ——体外束在转向块处的摩擦系数，可按表 5.4.4-2 采用。

表 5.4.4-2　转向块处摩擦系数 μ

体外束/套管	μ 值
光面钢绞线/镀锌钢管	0.20～0.25
光面钢绞线/HDPE 塑料管	0.15～0.20
无粘结预应力筋/钢套管	0.08～0.12

当体外束与转向块鞍座处接触长度不可忽略时,预应力损失值 σ_{l2} 应采用式(5.4.4-1)或式(5.4.4-2),并根据实际情况选取系数计算得出。

5.4.5 孔道长度超过 50 m 又缺少工程实践的重要预应力建筑工程,应在现场测定实际的孔道摩擦损失;桥梁工程预应力张拉前,宜对不同类型的孔道进行至少一个孔道的摩擦损失测试。测试时,根据张拉端拉力 P_1 与实测固定端拉力 P_2,可按下式计算出实测的 μ 值:

$$\mu = \frac{-\ln\left(\dfrac{P_2}{P_1}\right) - \kappa x}{\theta} \tag{5.4.5}$$

当实测孔道摩擦损失与计算值相差较大,导致张拉力相差大于 5% 时,应调整张拉力,或采取减少摩擦损失的有效措施,以建立与设计要求相符的有效预应力值。

孔道摩阻损失的测定可按本标准的附录 C 执行。

5.4.6 预应力筋的应力松弛损失 σ_{l4} 可按下列公式计算:

1 预应力钢丝、钢绞线

普通松弛

$$\sigma_{l4} = 0.4\psi\left(\frac{\sigma_{con}}{f_{ptk}} - 0.5\right)\sigma_{con} \tag{5.4.6-1}$$

此处,一次张拉时,$\psi = 1.0$;采用超张拉时,$\psi = 0.9$。

低松弛

当 $\sigma_{con} \leqslant 0.5 f_{ptk}$ 时,取

$$\sigma_{l4} = 0 \tag{5.4.6-2}$$

当 $0.5 f_{ptk} < \sigma_{con} \leqslant 0.7 f_{ptk}$ 时,取

$$\sigma_{l4} = 0.125\left(\frac{\sigma_{con}}{f_{ptk}} - 0.5\right)\sigma_{con} \tag{5.4.6-3}$$

当 $0.7f_{ptk} < \sigma_{con} \leqslant 0.8f_{ptk}$ 时,取

$$\sigma_{l4} = 0.2\left(\frac{\sigma_{con}}{f_{ptk}} - 0.575\right)\sigma_{con} \qquad (5.4.6-4)$$

2 高强钢筋

一次张拉 $\sigma_{l4} = 0.05\sigma_{con}$;

超张拉 $\sigma_{l4} = 0.035\sigma_{con}$ 。

5.4.7 混凝土收缩、徐变引起受拉区和受压区纵向预应力损失值 σ_{l5},σ_{l5}' 可按下列公式计算:

先张法构件

$$\sigma_{l5} = \frac{60 + 340\dfrac{\sigma_{pc}}{f_{cu}'}}{1 + 15\rho} \qquad (5.4.7-1)$$

$$\sigma_{l5}' = \frac{60 + 340\dfrac{\sigma_{pc}'}{f_{cu}'}}{1 + 15\rho'} \qquad (5.4.7-2)$$

后张法构件

$$\sigma_{l5} = \frac{55 + 300\dfrac{\sigma_{pc}}{f_{cu}'}}{1 + 15\rho} \qquad (5.4.7-3)$$

$$\sigma_{l5}' = \frac{55 + 300\dfrac{\sigma_{pc}'}{f_{cu}'}}{1 + 15\rho'} \qquad (5.4.7-4)$$

式中:σ_{pc},σ_{pc}'——在受拉区、受压区预应力钢筋合力点处的混凝土法向压应力;

       f_{cu}'——施加预应力时混凝土立方体抗压强度;

       ρ,ρ'——受拉区、受压区预应力钢筋和普通钢筋的配筋率;对先张法构件,$\rho = (A_p + A_s)/A_0$,$\rho' =$

$(A'_p + A'_s)/A_0$；对后张法构件，$\rho = (A_p + A_s)/A_n$，$\rho' = (A'_p + A'_s)/A_n$；对于对称配置预应力钢筋和普通钢筋的构件，配筋率 ρ，ρ' 应按钢筋总截面面积的一半计算。

计算受拉区、受压区预应力钢筋合力点处的混凝土法向压应力 σ_{pc}，σ'_{pc} 时，预应力损失值仅考虑混凝土预压前（前一批）的损失，普通钢筋中的应力 σ_{l5}，σ'_{l5} 值应取为零；式 σ_{pc}，σ'_{pc} 值不得大于 $0.5f'_{cu}$；当 σ'_{pc} 为拉应力时，式(5.4.7-2)和式(5.4.7-4)中的 σ'_{pc} 应取为零。计算混凝土法向应力 σ_{pc}，σ'_{pc} 时，可根据构件制作情况考虑自重的影响。

当结构处于年平均相对湿度低于 40% 的环境下，σ_{l5} 及 σ'_{l5} 值应增加 30%。

5.4.8 对重要的结构构件，当需要考虑与时间相关的混凝土收缩、徐变及预应力筋松弛预应力损失时，宜按现行国家标准《混凝土结构设计规范》GB 50010 规范的附录及公路桥梁设计规范的有关规定计算。

5.5 预应力筋伸长值计算

5.5.1 预应力筋的理论张拉伸长值 ΔL_p^c 可按下列公式计算：

$$\Delta L_p^c = \frac{P_m L_p}{A_p E_p} \tag{5.5.1-1}$$

$$P_m = \frac{P_j(1 - e^{-(\kappa x + \mu\theta)})}{\kappa x + \mu\theta} \tag{5.5.1-2}$$

式中：P_m ——预应力筋的平均张拉力，取张拉端拉力 P_j 与计算截面扣除孔道摩擦损失值的拉力平均值；

L_p ——预应力筋的实际长度（mm）；

A_p ——预应力筋的截面面积（mm²）。

5.5.2 多曲线段或直线段与曲线段组成的曲线预应力筋理论张拉伸长值应分段计算后叠加：

$$\Delta L_p^c = \sum \frac{(\sigma_{i1} + \sigma_{i2}) L_i}{2E_p}\qquad(5.5.2)$$

式中：L_i ——第 i 线段预应力筋长度；

σ_{i1}, σ_{i2} ——分别为第 i 段两端预应力筋的应力。

5.5.3 预应力筋的实测张拉伸长值，应在建立初拉力后开始测量。实际伸长值 ΔL 可按下式计算：

$$\Delta L = \Delta L_1 + \Delta L_2 - \Delta a - \Delta b - \Delta c\qquad(5.5.3)$$

式中：ΔL_1 ——从初拉力至最大张拉力之间的实测伸长值（mm）；

ΔL_2 ——初拉力以下的推算伸长值（mm），可用图解法（图 5.5.3）或计算法确定；

Δa ——千斤顶体内的预应力筋张拉伸长值（mm）；

Δb ——张拉过程中工具锚和固定端工作锚楔紧引起的预应力筋内缩值（mm）；

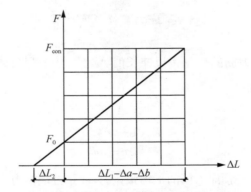

图 5.5.3 预应力筋推算伸长值计算示意

Δc ——张拉阶段构件的弹性压缩值（mm），通常用于多孔成束预应力筋在同一薄壁构件截面上先、后张拉或预应力构件叠浇时各层构件先、后张拉的工况时计算。对预应力平板、框架梁等构件 Δc 可不计。

5.6 局部承压计算

5.6.1 后张预应力混凝土锚固区局部受压承载力验算应符合下列规定：

1 采用普通锚垫板时，应根据现行国家标准《混凝土结构设计规范》GB 50010 的有关规定进行局部受压承载力验算，并配置相应的局部受压加强钢筋；计算局部受压面积时，锚垫板的刚性扩散角宜取 45°。

2 采用铸造锚垫板时，配套选用的锚垫板和局部加强钢筋以及锚垫板的布置、混凝土强度等级、局部承压面尺寸和构造措施等符合所有产品的技术参数要求，且生产厂商能提供产品的锚固区传力性能试验合格报告，可不进行局部受压承载能力验算；工程中锚固区实际条件不满足所有产品技术要求时，应根据现行国家标准《混凝土结构设计规范》GB 50010 的有关规定进行局部受压承载力验算。

5.6.2 后张预应力混凝土锚固区应设置局部受压加强钢筋，可采用螺旋筋或网片筋。设计无规定时，应符合下列规定：

1 宜采用带肋钢筋，其体积配筋率不应小于 0.5%。

2 螺旋筋的圈内直径宜大于锚垫板对角线长度或直径，且螺旋筋的圈内径所围面积与锚垫板端面轮廓所围面积之比不应小于 1.25，螺旋筋应与锚具对中，首圈钢筋距锚垫板的距离不宜大于 25 mm。

3 网片筋直径不宜小于 6 mm，钢筋间距不宜大于 150 mm，首片网片筋至锚垫板的距离不宜大于 25 mm，网片筋之间的距离不宜大于 150 mm。

5.6.3 钢结构预应力锚固节点应满足局部承压强度和刚度要求，必要时，应采取设置加劲肋、加劲环或加劲构件等构造措施。

5.7 施工深化设计

5.7.1 预应力专业施工单位在编制专项施工方案前，应根据设计要求和现场施工需要，对预应力工程施工图进行施工深化设计，并提供相应的技术文件。

5.7.2 预应力施工深化设计宜包括下列主要工作内容：

1 根据具体工程施工工况，进行施工阶段的各项计算。

2 根据具体工程施工顺序，确定预应力筋分段布置及张拉方案。

3 深化预应力筋平面布置和线形定位坐标。

4 深化张拉端和锚固端端部节点构造。

5 深化结构或构件节点区域预应力束与普通钢筋位置排列。

6 深化预应力筋其他构造设置。

5.7.3 施工深化设计不得改变结构的强度、刚度和耐久性。

5.7.4 施工深化设计图纸（文件）必须经原设计单位确认。

6 制作与安装

6.1 一般规定

6.1.1 预应力筋制作前,应完成预应力材料的抽检和进场验收。

6.1.2 预应力筋制作或安装时,不得采用加热、焊接或电弧切割。在预应力筋近旁对其他部件进行气割或焊接时,应防止预应力筋受焊接火花或接地电流的影响。

6.1.3 预应力筋安装时,其品种、规格、级别和数量必须符合设计要求。

6.1.4 预应力构件的安装顺序应符合下列规定:

  1 后张法构件或结构:

    1) 首先安装构件主要受力钢筋和部分构造钢筋,再安装预应力筋,待预应力筋安装完成后,安装其他普通钢筋;

    2) 构件节点处应待预应力筋和端部配件安装完成后,再绑扎节点其他普通钢筋。

  2 先张法构件:

    1) 首先调整、测试张拉台座各部件,再安装、清理模板并就位;

    2) 绑扎成形钢筋笼并就位,安装预应力筋,调整测试预紧;

    3) 检查钢筋与预应力筋接触情况,调整钢筋位置。

6.1.5 预应力筋的安装宜自下而上进行,同时应采取措施防止其被台座上涂刷的隔离剂污染。预应力筋与锚固横梁间的连接宜采用张拉螺杆或夹具。

6.2 预应力筋制作

6.2.1 预应力筋宜采用砂轮锯或切断机下料，下料长度应经计算确定，下料场地应平整、洁净。

6.2.2 采用钢绞线挤压锚具应使用配套的挤压机制作，并应符合使用说明书的规定。挤压时，在挤压模内腔或挤压套筒外表面应涂刷润滑油，采用的摩擦衬套应沿挤压套筒全长均匀分布。

6.2.3 采用钢绞线压花锚具应使用专用的压花机制作成型，梨形头和直线锚固段长度不应小于设计值，且其表面应无污物。若设计未规定时，可按表 6.2.3 的规定执行。

表 6.2.3 钢绞线压花锚具参数

钢绞线种类	梨形头尺寸	锚固段长度（mm）	示意图
ϕ^s 15.2	≥95×150	900	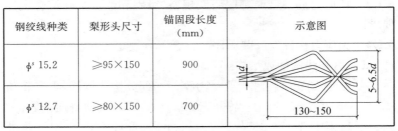
ϕ^s 12.7	≥80×150	700	

6.2.4 采用钢丝束镦头锚具时，应确认该批预应力钢丝的可镦性。钢丝镦头的头型直径应为钢丝直径的 1.4 倍～1.5 倍，高度应为钢丝直径的 0.95 倍～1.05 倍。钢丝镦头的强度应不低于钢丝母材强度标准值的 98%。钢丝束两端采用镦头锚具时，应采用等长下料法。

6.2.5 钢丝编束、张拉端镦头锚具安装和钢丝镦头宜同时进行。钢丝的一端先穿入锚具并镦头，另一端按张拉端的顺序分别编扎内外圈钢丝。

6.2.6 无粘结预应力筋固定端制作时，应除去锚固部分的塑料护套层与油脂。护套端部应用水密性胶带或热收缩塑料密封。

6.2.7 缓粘结剂的固化时间和张拉适用期应根据施工进度和缓粘结预应力钢绞线生产时间确定,对于过后浇带的缓粘结预应力钢绞线,应考虑后浇带浇筑时间的影响。

6.2.8 预应力筋由多根钢丝或钢绞线组成时,应预先梳编成束,整束穿入孔道。编束时,应逐根理顺钢丝或钢绞线,并每隔 1 m～1.5 m 设置定位格栅或捆扎一道,避免各根钢丝或钢绞线缠绕。

6.2.9 制作好的预应力束,应按规格、型号、长度编号,分别架空堆放并采取防水、防潮和防腐蚀措施。

6.2.10 曲线纤维增强复合材料预应力筋的曲率半径应大于 5 m,且大于 100 倍的孔道直径。纤维增强复合材料预应力筋的净间距应大于其孔道直径。

6.3 预应力孔道成型

6.3.1 后张法预留孔道的内径宜比预应力束外径及需穿过孔道的连接器外径大 6 mm～15 mm,且孔道的内截面面积应不小于预应力筋净截面面积的 2 倍。

在高温环境下或大体积混凝土中宜优先采用金属成孔材料。

6.3.2 预留孔道间距和预应力筋保护层厚度应符合设计要求。当设计无具体要求时,应符合下列规定:

1 预制构件中预留孔道之间的水平净间距不宜小于50 mm,且不宜小于粗骨料最大粒径的 1.25 倍;孔道壁至构件边缘的净间距不宜小于 30 mm,且不宜小于孔道外径的一半。

2 现浇混凝土结构中预留孔道在竖直方向的净间距不应小于孔道外径,水平方向的净间距不宜小于孔道外径的 1.5 倍,且不应小于粗骨料最大粒径的 1.25 倍;从孔道外壁至构件边缘的净间距,梁底不宜小于 50 mm,梁侧不宜小于 40 mm。

建筑工程中裂缝控制等级为三级的预应力混凝土梁,从孔壁算起的混凝土保护层厚度,梁底、梁侧分别不宜小于 60 mm 和 50 mm。

3 在现浇楼板中采用扁型锚固体系时,穿过每个预留孔道的预应力筋数量宜为 3 根~5 根;在常用荷载情况下,孔道在水平方向的净间距不应超过 8 倍板厚及 1.5 m 中的较大值。

6.3.3 预埋管道的定位应符合下列规定:

1 预埋管道应按设计规定的坐标位置进行定位,并与定位钢筋绑扎牢固,且在混凝土浇筑期间不产生移位。

2 当预埋管道与普通钢筋位置冲突时,应移动普通钢筋,不得改变管道的设计坐标位置。

3 定位钢筋直径不宜小于 10 mm,间距不宜大于 1.0 m。对扁形波纹管、塑料波纹管或线形曲率较大处的管道,定位钢筋间距宜适当缩小。

4 定位后的预埋管道应平顺,其端部的中心线应与锚垫板相垂直。

5 施工时需要预先起拱的构件,预埋管道应随构件同时起拱。

6.3.4 预埋管道的连接应密封,并应符合下列规定:

1 圆形金属波纹管接长时,可采用大一规格的同波型波纹管作为接头管,接头管的长度宜取其直径的 4 倍~5 倍,且不宜小于 300 mm,两端旋入长度宜相等,且两端应采用防水胶带密封。

2 塑料波纹管接长时,可采用塑料焊接机热熔焊接或采用专用连接管。

3 钢管连接可采用焊接连接、承插连接或套筒连接。

6.3.5 预应力孔道应根据工程特点设置排气孔、泌水孔及灌浆孔,排气孔可兼作泌水孔或灌浆孔,并应符合下列规定:

1 孔道端部的锚垫板上宜设置灌浆孔,灌浆孔直径不宜小于 20 mm,间距不宜大于 30 m。

2 预应力孔道的两端应设有排气孔,当曲线孔道波峰和波谷的高差大于 0.5 m 时,应在孔道波峰处设置泌水管,泌水管可兼作灌浆孔。

3 对竖向孔道,灌浆孔应设置在孔道下端;对超高的竖向孔道,宜分段设置灌浆孔。

4 排气管或泌水管与波纹管连接时,可在波纹管上开洞,覆盖专用弧形压板并与波纹管固定,再用增强塑料管插在弧形压板的接口上,且伸出构件顶面不宜小于 300 mm(图 6.3.5)。

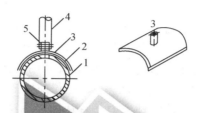

1—波纹管;2—海绵垫片;3—塑料弧形压板;4—塑料管;5—铁丝绑扎

图 6.3.5　泌水管留设

6.3.6 采用胶管抽芯成孔时,胶管内应插入芯棒或充入压力水增加刚度;采用钢管抽芯成孔时,钢管表面应光滑、焊接接头应平顺,且浇筑混凝土后,应陆续转动钢管。

6.3.7 竖向预应力混凝土结构采用钢管成孔时,应采用定位钢筋固定,每段钢管的长度应根据施工分层浇筑高度确定。钢管接头处宜高于混凝土浇筑面 500 mm～800 mm,钢管开口处应采用堵头临时封口。

6.3.8 钢管桁架中预应力筋用钢套管保护时,每隔 2 m～3 m 应采用定位钢筋或隔板居中固定。钢桁架在工厂分段制作时,应预先将钢套管安装在钢管弦杆内,再在现场的拼装台上用大一号同型钢套管连接或采用焊接接头。钢套管的灌浆孔可采用带内螺纹的接头焊接在套管上。

6.3.9 预应力筋、预留管道、锚垫板及螺旋筋等安装定位应采取可靠措施临时封闭锚垫板穿束口、灌浆孔、排气管及泌水管,防止混凝土浇筑时漏浆、堵塞孔道。

6.4 有粘结预应力筋安装

6.4.1 有粘结预应力筋宜在浇筑混凝土后穿入孔道。对需要在浇筑混凝土前穿入预应力束的构件,应对外露预应力筋采取防止锈蚀措施。

6.4.2 穿束的方法可采用人力、卷扬机和穿束机单根穿或整束穿。穿束前宜对整束预应力筋进行通长编束,确保预应力筋顺直。对超长束、特重束、多波曲线束等宜采用卷扬机穿束,束的前端应装有穿束网套或特制的牵引头,且仅前后拖动,不得扭转。

6.4.3 设置有固定端的预应力筋宜从固定端穿入。当固定端采用挤压锚具时,从孔道末端至锚垫板的距离应满足成组挤压锚具的安装要求;当固定端采用压花锚具时,从孔道末端至梨形头的直线锚固段不应小于设计值。预应力筋从张拉端穿出的长度应满足张拉设备的操作要求。

6.4.4 当采用先穿束工艺时,严防电火花损伤管道内的预应力筋,严禁利用钢筋骨架作电焊回路,避免预应力筋被退火而降低强度。发现被电焊灼伤,有焊疤或受热褪色的预应力筋应予以更换。

6.4.5 竖向孔道用钢绞线预应力筋的穿束宜采用整束由下而上的牵引工艺,其牵引夹持必须紧固可靠,也可采用由上而下逐根穿入孔道的工艺,同时确保预应力筋顺直,不发生相互缠绕。

6.4.6 混凝土浇筑前穿入孔道的预应力筋,应采取防锈保护措施。当无防锈保护措施时,预应力筋穿入孔道至灌浆的时间间隔应符合下列规定:

    1 环境相对湿度大于60%或处于近海环境地区时,不宜超过14 d。

    2 环境相对湿度不大于60%时,不宜超过28 d。

6.4.7 预埋管道在制作过程中,应采取严格措施,确保管道通畅,避免漏浆堵塞。采用后穿束工艺时,在混凝土终凝前可采用通孔器清孔。对采用蒸汽养护的预制构件,预应力筋应在蒸汽养护结束后穿入孔道。

6.5 无粘结或缓粘结预应力筋安装

6.5.1 无粘结或缓粘结预应力筋安装之前,应及时检查其规格、尺寸和数量,逐根检查并确认其端部组装配件可靠无误后,方可在工程中使用。对护套轻微破损处,可采用外包防水聚乙烯胶带进行修补,每圈胶带搭接宽度不应小于胶带宽度的 1/2,缠绕层数不应少于 2 层,缠绕长度应超过破损长度 30 mm,严重破损的,应予以更换。对于缓粘结预应力筋,应检查标示的标准固化时间和标准张拉适用期是否符合工程要求。

6.5.2 平板中无粘结或缓粘结预应力筋的定位,应符合下列规定:

1 应按设计规定的坐标位置进行定位,并与定位钢筋绑扎牢固。定位钢筋直径不宜小于 10 mm,间距不宜大于 2.0 m。在混凝土浇筑期间确保不产生移位和变形。

2 当与楼板中普通钢筋或其他管线位置冲突时,不得将预应力筋的位置抬高或降低。

3 无粘结或缓粘结预应力筋的平面位置,宜在楼板底模上涂刷油漆予以标示。

4 定位后,无粘结或缓粘结预应力筋的线形应保持连续平顺,其端部中心线应与锚垫板相垂直。

6.5.3 平板中无粘结或缓粘结预应力筋平行带状布置时,应采取可靠的固定措施,保证同束中各根无粘结或缓粘结预应力筋具有相同的矢高。

6.5.4 平板中无粘结或缓粘结预应力筋宜单根布置,也可并束布置,并束时,预应力筋宜为 2 根,单根或并束间距不宜大于板厚的 6 倍,且不宜大于 1 m;现浇混凝土空心楼板可采用带状束的无粘结或缓粘结预应力筋布置,带状束的预应力筋根数不宜多于5根,间距不宜超过12倍板厚,且不宜大于 2.4 m。

6.5.5 安装双向配置的无粘结或缓粘结预应力筋时,应避免两个方向的无粘结或缓粘结预应力筋相互穿插安装,须对每个交叉点标高进行比较,标高较低的预应力筋应先进行安装,标高较高的次之。

6.5.6 预应力筋张拉端的锚垫板可固定在端部模板上,利用钢筋固定,锚垫板面应垂直于预应力筋。当张拉端采用凹入式做法时,可采用塑料穴模或其他模具。

6.5.7 无粘结或缓粘结预应力筋固定端的锚垫板应事先组装好,按设计要求的位置可靠固定。

6.5.8 预应力主梁、次梁和密肋板中,应设置定位钢筋,并应符合下列规定:

1 2根~4根无粘结或缓粘结组成的集束预应力筋,其定位钢筋的直径不宜小于 10 mm,间距不宜大于 1.5 m。

2 5根或更多无粘结或缓粘结组成的集束预应力筋,其直径不宜小于 12 mm,间距不宜大于 1.0 m。

3 用于支撑平板中单根无粘结或缓粘结预应力筋的定位钢筋,其间距不宜大于 2.0 m。

6.5.9 预应力混凝土梁中无粘结或缓粘结预应力筋的布置应符合下列规定:

1 混凝土梁中预应力束的竖向净间距不应小于无粘结或缓粘结预应力束的等效直径 d_p 的 1.5 倍,水平方向的净间距不应小于无粘结或缓粘结预应力束等效直径 d_p 的 2 倍,且不应小于粗骨料粒径的 1.25 倍;使用插入式振动器捣实混凝土时,水平净距不宜小于 80 mm。

2 成束布置的无粘结或缓粘结预应力筋在端部宜分散并单根锚固,分散后的预应力筋在构件端面上的水平和竖向排列最小间距不宜小于 80 mm。构件端部尺寸应考虑锚具位置、张拉设备的尺寸和局部承压的要求,必要时,应适当加大。

6.5.10 无粘结或缓粘结预应力筋采取竖向、环向或螺旋形安装时,应采用定位钢筋或其他构造措施固定控制。

6.5.11 斜向或竖向布置的缓粘结预应力筋,应对缓粘结预应力筋的下端进行严密封堵,防止缓粘结剂流淌。

6.5.12 当板上开洞时,板内被孔洞阻断的无粘结或缓粘结预应力筋可分两侧绕过洞口安装,其离洞口的距离 a 不宜小于 150 mm,b 不宜小于 300 mm,水平偏移的曲率半径 R 不宜小于 6.5 m,洞口四周应配置构造加强钢筋;偏移斜率 c ∶ d 不宜大于 1∶6,当大于1∶6 时,偏移段应配置 U 形筋。

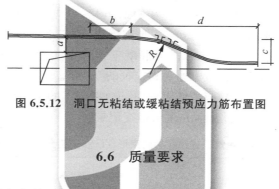

图 6.5.12 洞口无粘结或缓粘结预应力筋布置图

6.6 质量要求

6.6.1 预应力筋的制作质量应符合下列规定:

1 当钢丝束两端采用镦头锚具时,同一束中钢丝长度的最大偏差不应大于钢丝长度的 1/5 000,且不得大于 5 mm;当成组张拉长度不大于 10 m 的钢丝时,同组钢丝长度的最大偏差不得大于 2 mm。

2 钢丝镦头尺寸不应小于规定值,头型应圆整端正,镦头不得出现横向裂纹。

3 钢绞线挤压锚具成型后,钢绞线外端应露出挤压头1 mm~5 mm。

4 钢绞线压花锚具的梨形头尺寸和直线锚固段长度不应小于设计值,其表面不得有污物。

6.6.2 预应力筋的安装质量应符合下列规定：

1 预应力筋安装时，其品种、级别、规格与数量必须符合设计要求。

2 施工过程中，应避免电火花损伤预应力筋，受损伤的预应力筋应予以更换或切除。

3 预应力孔道的规格、数量、位置和形状以及灌浆孔、排气兼泌水管的设置等应符合设计和施工要求。

4 锚固区埋件和加强筋应符合施工详图的要求。

5 先张法预应力筋之间的净间距不宜小于其公称直径的2.5倍和混凝土粗骨料最大粒径的1.25倍，且应符合下列规定：预应力钢丝，不应小于15 mm；三股钢绞线，不应小于20 mm；七股钢绞线，不应小于25 mm。当混凝土振捣密实性具有可靠保证时，净间距可放宽为最大粗骨料粒径的1.0倍。

6 建筑工程预应力筋束形(孔道)控制点的竖向位置偏差应符合表6.6.2-1的规定，并做出检查记录。

表6.6.2-1　建筑工程预应力筋束形(孔道)安装允许偏差(mm)

构件截面高度或厚度(mm)	$h \leqslant 300$	$300 < h \leqslant 1\,500$	$h > 1\,500$
允许偏差	±5	±10	±15

7 桥梁工程预埋管道安装的允许偏差应符合表6.6.2-2的规定，并做出检查记录。

表6.6.2-2　桥梁工程预埋管道安装允许偏差(mm)

项目		允许偏差(mm)
管道坐标	梁长方向	±30
	梁高方向	±10
管道间距	同排	±10
	上下层	±10

8 预应力孔道、无粘结或缓粘结预应力筋应安装平顺,端部锚垫板应垂直于孔道中心线。

9 预应力孔道、无粘结或缓粘结预应力筋及端部锚垫板和螺旋筋的定位应牢固,浇筑混凝土时,不应出现移位和变形,孔道接头应密封良好且不得漏浆。

10 内埋式固定端的锚垫板不应重叠,锚具与锚垫板应贴紧。

11 预埋管道、无粘结或缓粘结预应力筋护套应完好,局部破损处应采用防水胶带修补。

12 先张法台座上涂刷的隔离剂不得污染预应力筋。

13 钢结构预应力筋的钢套管应对齐满焊、不渗漏。

7 混凝土浇筑

7.1 一般规定

7.1.1 浇筑混凝土之前,应对预埋管道的定位及管道连接处、预埋管与锚垫板连接处、锚垫板、灌浆孔、排气孔和泌水孔等部位的密封性进行检查,并进行隐蔽工程验收。确认合格后,方可浇筑混凝土。

7.1.2 预应力混凝土中氯离子含量不应超过水泥用量胶凝材料总质量的 0.06%,且不得使用含氯离子的外加剂。预应力混凝土的强度等级应符合设计要求,且不宜低于 C40。

7.1.3 混凝土浇筑时,应多留置 1 组～2 组同条件养护试块,用于判定预应力张拉时混凝土的实际强度等级。同条件养护试块应置于施工现场,与结构或构件同环境、同条件养护。

7.1.4 施工缝和后浇带的施工应符合下列规定:

1 通过后浇带的预应力筋可采用连接器连接、两端预应力筋交叉搭接或加设附加预应力筋的连接方式。

2 后浇带封闭前,应采取对后浇带处外露预应力筋的保护措施。

3 后浇带的混凝土强度等级宜提高一级。

4 后浇带处的模板支撑,应待后浇混凝土强度满足设计要求且预应力张拉灌浆完成后方可拆除。

7.2 混凝土浇筑

7.2.1 混凝土浇筑应符合下列规定:

1 宜根据结构或构件的不同形式选用插入式、附着式或平板式等振动器进行振捣。

2 对于先张法构件,应避免振动器碰撞预应力筋;对于后张法结构,应避免振动器直接触碰预埋管道、无粘结或缓粘结预应力筋和锚具预埋件等,严禁直接对准预留管道处下料。

3 对箱梁腹板与底板及顶板连接处的托板、预应力张拉端、固定端以及其他预应力筋与钢筋密集的部位,应采取有效措施加强振捣,保证混凝土浇筑密实。

4 对无粘结或缓粘结预应力混凝土板,浇筑过程中,不得踩踏预应力筋、定位钢筋以及锚固端预埋件等。

7.2.2 混凝土浇筑过程中,应随时检查模板、支撑、预留管道、预应力筋端部的稳固性。发现有松动、变形、移位和管道漏浆时,应及时整修。

7.3 养护与拆模

7.3.1 混凝土浇筑后应及时进行保湿养护,保湿养护可采用洒水、覆盖、喷涂养护剂等方式。保湿养护时间不宜少于 7 d,其中带模养护时间不宜少于 3 d。

7.3.2 混凝土养护方式应根据工程特点制定具体的养护方案,应符合现行国家标准《混凝土结构工程施工规范》GB 50666 等相关标准的规定。

7.3.3 混凝土强度达到 1.5 N/mm^2 前,不得在其上踩踏、堆放荷载;混凝土强度达到 2.5 N/mm^2 前,不得在其上安装模板、支架及脚手架等。

7.3.4 预应力混凝土结构的侧模宜在张拉前拆除,且拆除时混凝土强度应能保证其表面及棱角不受损坏。预应力混凝土结构的底模及其支撑应在预应力筋张拉完成且孔道灌浆强度达到设计要求后,方可拆除。当设计未规定时,应在预应力张拉完成且灌浆强度达到 15 N/mm² 后拆除。当设计有具体规定时,按设计要求执行。

7.3.5 先张法预制构件拆模应符合下列规定:

1 先张法预制构件拆模时的混凝土强度应满足设计要求。当设计无具体规定时,应达到设计强度的 60% 以上。

2 拆模时,先张法预制构件混凝土芯部与表层、表层与环境、箱内与箱外温差均不宜大于 15 ℃,且应保证棱角完整。当环境温度低于 0 ℃ 时,应待表层混凝土冷却至 5 ℃ 以下方可拆除模板;在炎热或干燥季节,宜采取逐段拆模、边拆边盖、边拆边洒水或边拆边喷涂养护剂的拆模工艺。

3 大风或气温急剧变化时不宜拆模。

7.4 质量要求

7.4.1 预应力混凝土构件表面应平整、不得有露筋现象,预应力张拉端和固定端混凝土应密实,不得有蜂窝、空洞等质量缺陷。

7.4.2 混凝土浇筑质量检验应符合现行国家标准《混凝土结构工程施工质量验收规范》GB 50204 的有关规定。

7.5 混凝土缺陷修补

7.5.1 锚固区混凝土出现疏松、蜂窝等质量缺陷时,应凿除胶结不牢固部分的混凝土至密实部位,并清理干净,支设模板,浇水湿润并涂抹界面材料后,采用比原混凝土强度等级高一级的细石混凝土浇筑并振捣密实,且养护不宜少于 7 d。缺陷修补区域的混凝土强度达到设计值后,方可进行预应力张拉。

7.5.2 预应力管道有堵塞时,应确定管道堵塞位置并凿开管道,清除漏浆,修复管道。凿除部位的修补应符合本标准第 7.5.1 条的规定。

7.5.3 混凝土缺陷修补后,填充的混凝土应与本体混凝土表面紧密结合,无收缩开裂和空鼓,表面平整。混凝土缺陷修整方案、修补过程等技术资料应及时归档。

8 张拉与锚固

8.1 一般规定

8.1.1 张拉用设备和仪表应满足预应力筋张拉要求,张拉设备和仪表应经过标定配套使用,并在有效使用期内。当现场环境等条件具备时,宜优先采用智能张拉工艺和方法。

8.1.2 后张预应力筋张拉时,混凝土强度和弹性模量应符合设计规定;当设计无具体要求时,应符合下列规定:

1 混凝土的强度不应低于设计强度等级的 80%,且不应低于所用锚具产品技术手册要求的混凝土强度最低值。

2 弹性模量不应低于混凝土 28 d 弹性模量的 80%。在未测定混凝土弹性模量时,现浇混凝土结构施加预应力时的龄期:对后张预应力混凝土板,不宜少于 7 d,对后张预应力混凝土梁,不宜少于 10 d。

3 为防止混凝土出现早期裂缝而施加预应力时,可不受上述限制,但必须满足局部受压承载力的要求。

8.1.3 预应力筋张拉前,应计算所需张拉力、压力表读数、理论伸长值,明确张拉顺序和程序。

8.1.4 多(高)层预应力混凝土楼面施工时,张拉预应力框架的下层构件时,上层构件的混凝土强度不得低于 15 N/mm^2。采用快速拆装模板时,应验算施工中临时支点处的结构强度。

8.1.5 预应力筋张拉时,应有足够的操作空间,以便于操作并避免在千斤顶加压后将其损坏,并采取有效的安全防护措施,预应力筋两端的正前方严禁站人和穿越。

8.1.6 预应力张拉、锚固及放张时,均应填写施工记录,且质量管理人员应进行旁站监督,确保张拉施工数据的真实、可靠。

8.2 先张法张拉

8.2.1 先张法台座结构应符合下列规定:

1 台座应进行施工工艺设计,并应具有足够的强度、刚度和稳定性,其抗倾覆安全系数不应小于 1.5,抗滑移安全系数不应小于 1.3。

2 预应力筋在锚固横梁的端部位置的极限偏差小于 2 mm。

3 锚固横梁应有足够的刚度,受力后挠度不应大于 2 mm。

4 张拉千斤顶应具备机械自锁功能。

8.2.2 预应力筋张拉或放张时的环境温度不宜低于 0 ℃。

8.2.3 先张法预应力筋张拉应符合下列规定:

1 张拉前,应对台座、横梁及张拉设备进行详细检查,符合安全和工艺要求后方可进行操作。

2 预应力筋的张拉工艺和顺序应符合设计要求;设计无要求时,宜采用单束初调、整体张拉、单束补张拉的工艺。

3 预应力张拉前,应对预应力损失情况进行实际测定,根据实测结果对张拉控制应力作适当调整。

4 张拉过程中,应使活动横梁和固定横梁保持平行,并应检查预应力筋的预应力值,其偏差的绝对值不得超过按一个构件全部预应力筋预应力总值的 5%。

5 张拉泵站和油路控制系统应保证在高油压下液压油不外泄,控制反应灵敏,保证多台千斤顶同步作用,张拉和放张平稳、安全。

6 先张法预应力筋的张拉程序应符合设计要求;设计无规定时,其张拉程序可按表 8.2.3 的规定进行。

表 8.2.3　先张法预应力筋张拉程序

预应力筋种类		张拉程序
钢丝、钢绞线	夹片式等具有自锚性能的锚具	普通松弛预应力筋 0→初应力→$1.03\sigma_{con}$(锚固) 低松弛预应力筋 0→初应力→σ_{con}(持荷 5 min 锚固)
	其他锚具	0→初应力→$1.05\sigma_{con}$(持荷 5 min)→σ_{con}(锚固)
螺纹钢筋		0→初应力→$1.05\sigma_{con}$(持荷 5 min)→$0.9\sigma_{con}$→σ_{con}(锚固)

注:1. 表中 σ_{con} 为张拉时的控制应力值,包括预应力损失值。
　　2. 超张拉数值超过本标准第 5.3.3 条规定的最大超张拉应力限值时,应按该条规定的限制张拉应力进行张拉。
　　3. 张拉螺纹钢筋时,应在超张拉并持荷 5 min 后放张至 $0.9\sigma_{con}$ 时再安装模板、普通钢筋及预埋件等。

　　7　预应力筋张拉完毕后,宜在 4 h 内浇筑混凝土,浇筑混凝土与张拉预应力筋时的环境温差不宜超过 20 ℃。

8.2.4　先张法预应力筋放张应符合下列规定:

　　1　放张前应检查构件外观质量。

　　2　预应力筋放张时构件混凝土的强度、弹性模量或龄期应符合设计规定;设计未规定时,混凝土的强度应不低于设计强度等级值的 80%,弹性模量应不低于混凝土 28 d 弹性模量的 80%。

　　3　在预应力筋放张之前,应将限制位移的侧模、翼缘模板或内膜拆除。

　　4　预应力筋的放张工艺应符合设计规定;设计未规定时,应根据构件类型及张拉吨位优先选择楔块或千斤顶整体放张的方法,且放张速度不宜过快。

　　5　预应力筋的放张顺序应符合设计要求。当设计无具体要求时,可按下列规定放张:

　　　　1) 对轴心受压的构件(如压杆、桩),所有预应力筋应同时放张;

　　　　2) 对受弯或偏心受压构件(如梁、板等),应先同时放张压力较小区域的预应力筋,再同时放张压力较大区域的预应力筋;

3）当不能按上述规定放张时，应分阶段、均匀、对称和相互交错放张。

6 多根整批预应力筋的放张，当采用砂箱放张时，放砂速度应均匀一致。采用千斤顶放张时，放张宜分数次完成；单根钢筋采用拧松螺母的方法放张时，宜先两侧后中间，并不得将单根预应力筋一次放松完成。

7 预应力筋放张后，对钢丝和钢绞线，应采用机械切割的方式进行切断；对螺纹钢筋，可采用乙炔-氧气切割，但应采取必要措施，防止高温对其产生不利影响。

8 长线台座上预应力筋的切断顺序，宜由放张端开始，依次向另一端切断。

8.3 后张法张拉

8.3.1 预应力筋的张拉方式应符合设计要求。设计无具体要求时，应符合下列规定：

1 直线有粘结预应力筋可采取一端张拉方式，但长度不超过 35 m。直线无粘结预应力筋，一端张拉时长度不超过 40 m；当有可靠测试数据时，一端张拉长度可适当调整。

2 对曲线预应力筋，应根据施工计算结果采取两端张拉或一端张拉方式。当锚固损失的影响长度小于或等于 $L/2$（L 为预应力孔道投影长度）时，应采用两端张拉方式；当锚固损失的影响长度大于 $L/2$ 时，可采取一端张拉方式。

3 当同一构件中有多束一端张拉的预应力筋时，张拉端宜分别交错设置在结构或构件的两端。

4 预应力筋两端张拉时，宜两端同时张拉，也可在一端张拉锚固后，另一端补足预应力值后再进行锚固。

8.3.2 对特殊预应力构件或预应力筋，应根据设计和施工要求采取专门的张拉工艺，如分阶段张拉、分批张拉、分级张拉、分段张拉、变角张拉等。

8.3.3 有粘结预应力筋应整束张拉锚固。对直线形或扁平管道中平行排放的有粘结预应力钢绞线束,在各根钢绞线不受叠压影响时,也可采用小型千斤顶逐根张拉锚固,但应考虑逐根张拉预应力损失对控制应力的影响。

8.3.4 对多波曲线预应力筋,可采取超张拉回缩技术来提高内支座处的有效预应力值并降低锚具下口的应力,但最大张拉控制应力不得超过本标准第 5.3.3 条的规定。

8.3.5 后张法预应力混凝土结构根据工程需要可进行预应力损失测试,预应力损失测试的方法应符合相应规范要求。

8.3.6 预应力筋的张拉顺序,应符合设计要求,并应避免出现对结构不利的应力状态。当设计无具体要求时,应符合下列规定:

    1 预应力筋的张拉顺序应根据结构受力特点、施工方便及操作安全等因素确定。

    2 预应力筋的张拉顺序应遵循对称张拉原则。

    3 对现浇预应力混凝土楼盖,宜先张拉楼板、次梁的预应力筋,后张拉主梁的预应力筋。

    4 对预制屋架等平卧叠浇构件,应从上而下逐榀张拉。

8.3.7 缓粘结预应力筋应在张拉适用期内进行张拉;缓粘结预应力筋张拉时,混凝土立方体抗压强度应符合本标准第 8.1.2 条的规定。

8.3.8 在等于或低于 20 ℃进行缓粘结预应力筋张拉时,应采用持荷超张拉方式,预应力应力从零张拉至 $1.05\sigma_{con}$,并应在持荷一定时间后进行锚固,持荷时间可按表 8.3.8 的规定。

表 8.3.8 持荷时间与构件温度之间的关系

温度(℃)	5	10	15	20
持荷时间(min)	4	2	1	0.5

注:中间温度可按线性插值确定。

8.3.9　当温度高于 20 ℃时,可不持荷超张拉;当温度低于 5 ℃时,不宜进行缓粘结预应力筋张拉。若工程需要在低于 5 ℃进行张拉时,应采用升温措施减小粘滞力产生的预应力损失。如采用专用电加热设备对钢绞线加热,通电电压不应大于安全电压 36 V。

8.3.10　当张拉时间接近缓粘结预应力筋张拉适用期、预应力筋摩擦系数偏大时,可采用预张拉或持荷超张拉的方法消除缓粘结剂初期固化对摩擦系数的影响,预张拉可按本标准第 8.3.11 条的规定进行。

8.3.11　预张拉时,先不装锚具夹片,将预应力筋张拉到控制应力的 30% 左右放张,然后装锚具夹片,按本标准第 8.3.8 条的规定正式张拉。

8.3.12　锚具安装前,应清理锚垫板端面的混凝土残渣和杂物,同时去除预应力筋表面的浮锈和灰浆,并检查锚垫板后的混凝土密实性。如该处混凝土有空鼓现象,应在张拉前修补且张拉时其强度达到设计要求。

8.3.13　千斤顶安装时,工具锚应与前端的工作锚对正,工具锚和工作锚之间的各根预应力筋不得错位、扭绞,夹片应均匀打紧且外露一致。实施张拉时,千斤顶与预应力筋、锚具的中心线应位于同一轴线上。采用螺母锚固的支撑式锚具,安装时,应逐个检查螺纹的配合情况,保证在张拉和锚固过程中能顺利旋合拧紧。

8.3.14　张拉设备安装时,对直线预应力筋,应使张拉力的作用线与预应力筋中心线重合;对曲线预应力筋,应使张拉力的作用线与预应力筋中心线末端的切线重合。

8.3.15　张拉设备应吊挂在稳固的支架上,并可调节位置,便于推动张拉设备靠拢锚具和孔道对中。为便于自动退卸工具锚,可在工具锚夹片上涂上少量的润滑剂。

8.3.16　预应力筋的张拉程序,应符合设计要求。当设计未规定时,可按下列程序张拉:

　　1　当不需超张拉时,预应力筋的张拉程序如下:

$0 \rightarrow$ 初应力 $\rightarrow 2$ 倍初应力 $\rightarrow \sigma_{con}$（持荷 2 min～5 min）$\rightarrow \sigma_{con}$（锚固）

2 当采用超张拉方法减少预应力损失时,预应力筋的张拉程序如下:

1）对于可调节式锚具

$0 \rightarrow$ 初应力 $\rightarrow 2$ 倍初应力 $\rightarrow 1.05 \sigma_{con}$（持荷 2 min～5 min）$\rightarrow \sigma_{con}$（锚固）

2）对于不可调节式锚具

$0 \rightarrow$ 初应力 $\rightarrow 2$ 倍初应力 $\rightarrow 1.03 \sigma_{con}$（持荷 2 min～5 min、锚固）

注:桥梁工程预应力筋张拉锚固时,持荷时间取为 5 min。

8.3.17 预应力筋张拉的初拉力与预应力筋的线形及长度有关,直线预应力筋的初拉力可取为 10%～15% 张拉控制力,曲线预应力筋和超长预应力筋的初拉力可取为 10%～25% 张拉控制力。

8.3.18 预应力筋张拉时,可按张拉程序量测各级张拉力对应的伸长值,其中 2 倍初拉力与初拉力对应的伸长值之差,可作为 $0 \rightarrow$ 初拉力间的伸长值,然后将量测的各级伸长量叠加即为实测总伸长值。量测方法所含的预应力筋长度应与计算值一致;若以量测千斤顶工具锚处油缸伸出量来计算实测伸长值时,应扣除千斤顶工具锚与工作锚锚板之间的钢绞线伸长量。

8.3.19 当预应力筋伸长量较大,千斤顶张拉行程不够时,应采用分级张拉、分级锚固方式,下一级张拉初始压力表读数应为上一级最终的压力表读数。

8.3.20 在预应力筋张拉、锚固过程中及锚固完成后,均不得外力敲击或振动锚具。预应力筋锚固后需要放松时,对夹片式锚具宜采用专门的设备和工具;对支撑式锚具可采用张拉设备缓慢放松。

8.3.21 张拉时,发现以下情况应停止张拉,且在查明原因并采取措施后方可继续张拉:

1 预应力筋断丝、滑丝或锚具碎裂。

2 混凝土出现裂缝或破碎,锚垫板陷入混凝土。

3 孔道中有异常声响。

4 达到张拉力后,预应力筋伸长值明显不足;或张拉力未达到时,预应力筋呈现异常伸长并超出规定范围。

8.3.22 预应力筋张拉时,应填写张拉记录表,对张拉力、压力表读数、张拉伸长值、异常现象等做出详细记录。张拉记录表应包含以下内容:张拉日期、构件名称、混凝土实际强度、张拉压力表值、理论计算伸长值、实测伸长值、偏差率。其格式可按本标准附录 E 采用。

8.4 智能张拉

8.4.1 预应力张拉施工宜采用智能张拉系统。

8.4.2 在使用之前,施工单位应配置对应的专项管理人员,施工操作人员应进行专项培训。

8.4.3 智能张拉设备进场前必须按照规范要求进行标定和检测工作,出具合格证明后方能使用。

8.4.4 智能张拉系统应进行试张拉并校正设计参数,验证系统的稳定性和各项性能。

8.4.5 智能张拉系统的张拉设备标定应按照本标准第 4.4.2 条执行。

8.4.6 智能张拉工艺一般操作流程如下:

工作准备→输入各项初始张拉参数→一键启动张拉程序→按照张拉程序自动进行张拉→自动记录张拉力及伸长量→自动打印张拉记录表→整理分析数据→张拉完成。

8.4.7 智能张拉应包括以下准备工作:

1 预应力施工单位应检查机具准备、预应力束、张拉端部、作业环境的适宜性和施工安全设施,应填报"智能预应力张拉申请单"并交相关部门审核同意后实施张拉。

2 施工区域内避免有干扰智能张拉系统操作的施工作业。

3 智能张拉工艺应采取相对应的安全措施。

4 专业技术人员应进行系统通电联调,避免张拉设备暴晒、雨淋。

8.4.8 张拉施工前,操作人员应按照预应力专项施工方案输入各项初始张拉参数,操作和管理人员应关注实时数据采集动态图,项目质量管理人员必须全过程旁站。

8.4.9 针对张拉过程中出现的问题,操作和管理人员应及时按照操作手册进行分析处理;对于无法排除的问题,应立即上报。

8.4.10 张拉过程中,锚具变形和预应力筋内缩值应符合设计要求。

8.4.11 张拉完成后,操作和管理人员对自动打印的张拉记录表进行签字确认。

8.4.12 张拉伸长量与计算值偏差超出±6%、设备数据显示异常,应停止张拉,查明原因并上报相关部门确定处理措施后,方可继续张拉。

8.5 伸长值校核

8.5.1 预应力张拉过程中,应校核预应力筋的张拉伸长值。实测伸长值与理论计算伸长值的偏差不应超过±6%。如超过允许偏差,应查明原因并采取措施后方可继续张拉。必要时,宜现场进行孔道摩擦系数的测定,并根据实测结果调整理论计算伸长值。

8.5.2 预应力筋理论伸长值应按本标准第 5.5 节的有关规定进行计算,计算张拉伸长值所用的摩擦系数和预应力筋的弹性模量宜采用实测值。

8.6 质量要求

8.6.1 预应力筋的张拉质量应符合下列规定：

1 预应力筋实测张拉伸长值与理论计算伸长值相对偏差不应超过±6%。

2 预应力筋张拉锚固后实际建立的预应力值与设计规定值的相对偏差不应超过±5%。

3 张拉过程中，预应力筋断丝或滑丝的数量不得超过表8.6.1的规定。

表 8.6.1 预应力筋断丝、滑丝限值

预应力筋类别	检查项目	控制数量	
		建筑工程	桥梁工程
钢丝、钢绞线	每个截面断丝数不得超过该截面钢丝总数的百分比	3%	1%
	每根钢绞线断丝或滑丝	1 丝	
螺纹钢筋	断筋或滑移	不允许	

注：1. 钢绞线断丝系指单根钢绞线内钢丝的断丝，钢绞线钢丝数量等于钢绞线根数与每根钢绞线钢丝数量的乘积。
　　2. 对预应力混凝土板，其截面宽度应按每跨计算。
　　3. 对先张法预应力构件，在浇筑混凝土前发生断丝或滑脱的预应力筋必须予以更换。

4 预应力筋锚固后，夹片顶面应平齐，其相互间的错位不宜大于2 mm，且露出锚具外的高度不应大于4 mm。

5 后张法预应力筋张拉后，锚固区不应塌陷、混凝土构件不应出现有害裂缝。

6 先张法预应力筋张拉后与设计位置的偏差不应大于5 mm，且不得大于构件截面短边边长的4%。

8.6.2 预应力张拉后，预应力构件的反拱、侧向弯曲及轴向压缩等限值应符合设计要求及其他相关规定。

8.6.3 预应力筋放张应符合下列规定：

1 预应力筋放张时，混凝土强度应符合设计要求。

2 先张法构件的放张顺序应使构件对称受力，不发生翘曲变形。

3 先张法预应力筋放张时，应使构件能纵向滑动。

4 先张法预应力筋放张时，构件端部钢丝的内缩值不宜大于 1.0 mm。

5 放张前、后在理论跨度下的实测上拱值不宜大于 1.1 倍设计计算值。

9 灌浆与封锚保护

9.1 一般规定

9.1.1 后张法有粘结预应力筋张拉完成并经检查合格后,孔道应及时灌浆,且宜在 48 h 内完成,以免预应力筋锈蚀或松弛。

9.1.2 灌浆前,应采用通水、通气方法逐孔检查,宜用气压或水冲法清除孔道内杂物。对抽芯成型的孔道,可采用压力水对孔道进行冲洗;对预埋管成型的孔道,可采用压缩空气清孔。

9.1.3 灌浆设备的配备必须满足连续工作的要求,应根据灌浆高度、孔道长度和形态等条件选用合适的灌浆泵。灌浆泵应配备校验合格的压力表和计量器具。同时,灌浆前,应检查灌浆设备、输浆管和其他配件的可靠性。

9.1.4 孔道灌浆前,应对锚具夹片空隙和其他可能漏浆处采用高强度等级水泥浆或结构胶等材料进行封堵,待封堵材料达到一定强度后方可灌浆。采用真空辅助灌浆时,先将张拉端多余钢绞线切除,并用无收缩砂浆和专用灌浆密封罩将端部封闭。

9.1.5 孔道灌浆应填写施工记录。记录项目包括灌浆材料的品种和数量、配合比、灌浆日期、搅拌时间、出机初始流动度、环境温度、灌浆压力和灌浆情况等。采用真空辅助灌浆工艺时,尚应包括真空度。孔道灌浆施工记录可按本标准附录 G 填写。

9.1.6 制浆和灌浆过程中,质量管理人员应进行旁站监督,确保灌浆后孔道内浆体饱满、密实。

9.2 浆体制作

9.2.1 孔道宜采用专用成品灌浆料或专用压浆剂配置的浆体进行灌浆，且灌浆前应对浆体进行试配，当试配浆体性能指标符合要求后，方可制备生产用浆体。

9.2.2 灌浆用浆体的性能应符合设计要求；当设计无具体要求时，应符合表 9.2.2 的规定。

表 9.2.2　孔道灌浆用浆体性能指标与试验方法

项目		性能指标	试验方法与标准
水胶比（%）		0.30～0.35	《水泥标准稠度用水量、凝结时间、安定性检验方法》GB/T 1346
凝结时间（h）	初凝	≥4	
	终凝	≤24	
流动度（s）	初始流动度	14～22	本标准附录 F
	30 min 流动度	≤30	
泌水率（%）	24 h 泌水率	0	本标准附录 F
	3h 钢丝间泌水率	≤0.1	
自由膨胀率（%）	3 h	0～2	本标准附录 F
	24 h	0～3	
抗压强度（N/mm²）	7 d	≥30	《建筑砂浆基本性能试验方法标准》JGJ/T 70
	28 d	≥40	
对钢筋的锈蚀作用		无锈蚀	《混凝土外加剂》GB 8076

注：1. 水泥浆中宜掺加膨胀剂、阻锈剂。
　　2. 对于公路桥涵工程，应按照现行行业标准《公路桥涵施工技术规范》JTG/T F50 的相关规定执行。

9.2.3 在施工现场配制生产用浆体时，灌浆材料的称量应精确到 ±1%（均以质量计）。计量器具应经法定计量部门检验合格，并在有效使用期内。

9.2.4 灌浆用浆体的搅拌及制备应符合下列规定：

1 浆体应采用高速机械搅拌机搅拌，并宜在 5 min 内将浆体搅拌均匀。

2 浆体制作加料顺序宜为水、外加剂和水泥。当采用成品灌浆料时，应先加水后加灌浆料。

3 搅拌均匀的浆体，应经过网格尺寸不大于 3.0 mm×3.0 mm 的筛网过滤置于储浆桶内，储浆桶也应具有搅拌功能。

9.2.5 浆体自搅拌完成至灌入孔道的间隔时间不宜超过 40 min，且在制作和灌浆过程中应连续搅拌。对因延迟使用导致流动度降低的浆体，应采取二次搅拌措施，不得通过加水的方式增加浆体流动度。

9.3　灌浆工艺

9.3.1 灌浆顺序宜先灌下排孔道，后灌上排孔道。对于曲线预应力孔道，浆体应从锚垫板或孔道最低点的灌浆孔灌入，由最高点的排气孔或泌水孔排出，并应设置防止浆体回流的阀门。

9.3.2 灌浆应缓慢、连续进行，直至排气孔排出与灌浆孔相同稠度的浆体后，将排气孔按浆体流动方向依次封闭，当孔道灌满并全部封闭后，应再继续加压至 0.5 N/mm² ～0.7 N/mm²，关闭进浆阀，稳压 2 min～5 min 后封闭灌浆孔。待浆体初凝后，方可拆除进浆孔和出浆孔阀门。

9.3.3 同一孔道灌浆作业应一次完成，不得中断，并应保持排气通顺。发生孔道阻塞、串孔或因故障中断灌浆时，应及时用压力水冲洗孔道或采取其他措施重新灌浆。

9.3.4 灌浆过程中，灌浆泵内不得缺浆。在灌浆泵暂停工作时，灌浆管与灌浆孔不得脱离，以避免空气进入孔道，影响灌浆质量。

9.3.5 灌浆时，每一工作班应至少留取 3 组边长为 70.7 mm 的立方体试块，标准养护 28 d 后进行抗压强度试验，作为质量评定的依据。

9.3.6 采用连接器连接的多跨连续预应力筋的孔道灌浆,应在连接器分段的预应力筋张拉后及时分段灌注,不得在各分段全部张拉完毕后一次连续灌浆。

9.3.7 竖向孔道灌浆应自下而上进行,并应设置阀门,阻止浆体回流。为确保灌浆密实性,灌浆后,应采用重力补浆措施。

9.3.8 对超长、超高的预应力孔道,宜采用多台灌浆泵接力灌浆,从前置灌浆孔灌浆直至后置灌浆孔冒浆后,后置灌浆孔方可续灌。

9.3.9 灌浆过程中及灌浆后 48 h 内,预应力结构或构件的温度及环境温度不得低于 5 ℃。当温度低于 5 ℃时,应采取保温措施,并按冬期施工的要求处理,浆体中可适量掺入引气剂,但不得掺用防冻剂;当环境温度高于 35 ℃时,不宜灌浆。

9.4 真空辅助灌浆

9.4.1 真空辅助灌浆除采用传统的灌浆设备外,还应配备真空泵及其他配件等。

9.4.2 真空辅助灌浆的孔道应具有良好的密封性,宜采用塑料波纹管成孔。

9.4.3 真空辅助灌浆操作应符合下列规定:

1 灌浆孔和排气孔应设置阀门,灌浆泵应设置在灌浆孔侧,真空泵应设置在排浆孔侧。

2 真空泵应保持连续工作,当孔道内的真空度达到 $-0.08 \, \text{N/mm}^2 \sim -0.10 \, \text{N/mm}^2$ 并保持稳定状态后,启动灌浆泵开始灌浆。

3 浆体通过排浆观察孔时,应关闭通向真空泵的阀门和真空泵,并开启排浆阀;当排出浆体稠度与进浆一致时,方可关闭排浆阀,并继续灌浆。

4 保持灌浆压力不小于 $0.5 \, \text{N/mm}^2$,并稳压 2 min~5 min

后关闭灌浆泵;待浆体初凝后,方可拆除进浆孔和出浆孔的阀门。

9.5 循环智能灌浆

9.5.1 对于跨径 50 m 以内的构件,单孔长度小于 55 m 的预应力灌浆孔道,可采用一次灌注多孔的循环智能灌浆工艺。

9.5.2 循环智能灌浆工艺操作流程如下:

工作准备→设备及控制台安装→管路连接→设备调试→浆液配制→灌浆施工→灌浆结束。

9.5.3 智能灌浆应包括以下准备工作:

1 检查设备并确保设备完好、配件齐全。

2 核对仪器编号,确定待灌浆的构件型号。

3 安装灌浆控制系统。

4 选择合适的高压胶管,保证管路中不出现堵塞的情况。

5 专业技术人员应进行系统通电联调,避免灌浆设备暴晒、雨淋。

9.5.4 设备调试时,应观察进浆、返浆压力,溢流、返浆阀开启状况和温度等各项参数。

9.5.5 灌浆施工前,操作人员应按照预应力专项施工方案输入各项初始灌浆参数,操作和管理人员应关注实时数据采集动态图,质量管理人员必须全过程旁站。

9.5.6 灌浆施工前,灌浆台车安装正确,并警示构件边操作人员注意安全。

9.5.7 灌浆用计算机控制,必须专机专用,确保计算机运行正常。在灌浆施工过程中,专业技术人员应密切注意智能灌浆设备工作情况。如有异常,应立即中止灌浆,待排除异常情况后,方可继续灌浆。

9.5.8 灌浆完成后,操作和管理人员对自动打印的灌浆记录表进行签字确认,严禁人为修改。

9.6 封锚保护

9.6.1 后张法预应力筋锚固后的外露部分宜采用机械方法切割。预应力筋的外露长度不宜小于其直径的 1.5 倍,且不宜小于 30 mm。

9.6.2 锚具封闭保护应符合设计要求;当设计无具体要求时,应符合下列规定:

    1 凸出或内凹穴模内的锚具应采用与预应力结构构件相同强度等级的细石混凝土或无收缩防水砂浆封闭保护。

    2 凸出式锚具的保护层厚度不应小于 50 mm,外露预应力筋的混凝土保护层厚度:处于一类环境时,不应小于 20 mm;处于二、三类易受腐蚀环境时,不应小于 50 mm。

    3 锚具封闭前应将周围混凝土界面凿毛并冲洗干净,凸出式锚具封锚应配置钢筋网片。

    4 后张无粘结预应力筋锚具封闭前,锚具和夹片应涂专用防腐油脂或环氧树脂,并设置专用封端盖帽封闭。对处于二、三类环境条件下的无粘结预应力筋及其锚固系统,应达到全封闭保护状态。

9.7 质量要求

9.7.1 灌浆用浆体的配合比通过实验确定后,施工中不得任意更改。施工现场灌浆作业时,应进行浆体初始流动度实验,每次作业至少测试 2 次,测试结果应在规定范围内。

9.7.2 灌浆时留取的边长为 70.7 mm 的立方体浆体试块,标准养护 28 d 的抗压强度应不低于 40 N/mm^2,且不低于本体的混凝土强度。对于后张有粘结预制构件,应在浆体强度达到规定要求后,方可移运和吊装。

9.7.3 孔道灌浆后,应检查孔道高点部位灌浆的密实性;如有空隙,应采取人工重力补浆措施。补浆应采用与灌浆相同的浆体,补浆高度视孔道高差确定,宜采用 400 mm～1 000 mm;补浆应连续、多次进行,直至补浆高度内浆体表面稳定为止。

9.7.4 孔道内的浆体应饱满、密实。当有疑问时,可采取冲击回波仪沿预应力孔道检测灌浆密实情况,也可采取局部凿开或钻孔检查等方法,但不得影响结构安全。

9.7.5 灌浆完成后,应对孔道的灌浆孔、泌水孔或排气孔进行清理封闭。

9.7.6 封锚混凝土或砂浆应密实、表面无可视裂纹。

10 体外预应力施工

10.1 一般规定

10.1.1 体外预应力体系由预应力束(包括预应力筋、外套管及防腐材料等)、锚固装置、转向装置和减震装置等组成。

10.1.2 体外束的预应力筋应符合下列规定:

1 预应力筋的性能和质量应符合本标准第 3.1 和 3.2 节的要求。

2 折线预应力筋尚应按偏斜拉伸试验方法确定其力学性能。体外束预应力筋可选用钢绞线、无粘结钢绞线、镀锌钢绞线、环氧涂层钢绞线或纤维增强复合材料筋等。

10.1.3 体外束的外套管应采用高密度聚乙烯管(HDPE)或镀锌钢管,并符合下列规定:

1 外套管及连接接头应完全密闭防水,在使用期内有可靠的耐久性。

2 外套管应与预应力筋和防腐蚀材料具有兼容性,且在运输、安装和使用过程中不易变形和损坏。

3 当应用于有防火要求的环境时,外套管自身还应具有耐火性。

10.1.4 体外束的防腐蚀材料应符合下列规定:

1 水泥基灌浆料在施工过程中应按本标准第 9.3 节的要求灌满外套管,连续包裹预应力筋,确保充盈、密实。

2 工厂制作的成品体外束,其防腐蚀材料在体外束加工制作、运输、安装和张拉等过程中,应能保持稳定性、柔性和无裂纹,并在所要求的温度范围内不发生流淌。

3 防腐蚀材料的耐久性能应与体外束所处的环境类别和相应设计使用年限的要求相一致。

10.1.5 体外束的锚固体系必须与束体的形式和组成相匹配,可采用常规后张锚固体系或体外束专用锚固体系,其性能和质量应符合本标准第 3.4 节的要求。对于有整体调束要求的钢绞线夹片式锚固体系,可采用锚具外螺母支撑方式。对低应力状态下的体外束,其锚具夹片应装有防松装置。

10.1.6 体外预应力锚具应满足分级张拉及调索补张拉预应力筋的要求,对于有换束要求的体外预应力体系,体外束、锚固装置及转向器均应考虑便于更换束体的可行性要求。

10.1.7 体外预应力束的张拉控制应力值应符合设计要求。施工过程中,需要部分抵消由于应力松弛、摩擦、分批张拉等因素产生的预应力损失时,张拉控制应力限值可提高 $0.05f_{ptk}$。

10.1.8 体外预应力转向块、锚固块及连接用钢材的性能应符合现行国家标准《碳素结构钢》GB/T 700、《低合金高强度结构钢》GB/T 1591 和《一般工程用铸造碳钢件》GB/T 11352 的规定。其进场的一般项目验收应检查钢材产品合格证、出厂检验报告和进场检验报告。

10.2　体外束的布置

10.2.1 体外预应力束布置应使结构对称受力,并符合下列规定:

1 对矩形、T 形或工字形截面梁,体外束应布置在梁腹板的两侧;对箱形截面梁,体外束应对称布置在梁腹板的内侧。

2 体外预应力束的束形宜与荷载标准组合工况下的弯矩图相匹配,可选用直线、双折线或多折线等布置方式。

3 体外预应力筋束形控制点的竖向位置偏差应符合本标准表 6.6.2-1 的规定。抽查数量应为预应力总数的 5%,且不应少于 5 束,每束不应少于 5 处,用钢尺检查,束形控制点的竖向位置偏差合格点率达到 95% 及以上,且不得有超过表中数值 1.5 倍的尺寸偏差。

10.2.2 体外束锚固区和转向块的设置应根据体外束的设计线型确定,并符合下列规定:

1 对多折线体外束,转向块宜布置在距梁端 1/4~1/3 跨度的范围内,必要时,可增设中间定位转向块。

2 体外束锚固点与转向块之间或两个转向块之间的自由段长度不宜大于 8 m;超过该长度时,宜设置减振装置,减振装置应与结构主体可靠连接。

3 体外预应力束的锚固点宜位于梁端截面的形心轴以上。对多跨连续梁采用多折线体外束时,可在中间支座或其他部位增设锚固点。锚固区应进行可靠的计算分析及细部构造设计。

10.2.3 体外束在每个转向块处的弯折转角不应大于 15°,转向块鞍座处最小曲率半径宜按表 10.2.3 采用,体外束与鞍座的接触长度由设计计算确定。

表 10.2.3　转向块鞍座处最小曲率半径

钢绞线	最小曲率半径(m)
12ϕ^s12.7mm 或 7ϕ^s15.2mm	2.0
19ϕ^s12.7mm 或 12ϕ^s15.2mm	2.5
31ϕ^s12.7mm 或 19ϕ^s15.2mm	3.0
55ϕ^s12.7mm 或 37ϕ^s15.2mm	5.0

注:钢绞线根数为表列数值的中间值时,可按线性内插法确定。

10.3　体外预应力构造

10.3.1 体外束的锚固端宜设置在梁端隔板或腹板外凸块处,应保证传力可靠,且变形符合设计要求。体外束的端部应垂直于承压板,曲线段的起点至张拉锚固点的直线长度不宜小于 600 mm。

10.3.2　体外束的转向块应能保证预应力可靠地传递给结构主体。在矩形、工字形或箱形截面混凝土梁中,可采用通过隔梁、肋梁或独立的转向块等形式实现转向。转向块处的钢套管鞍座应预先弯曲成型,埋入混凝土中。

10.3.3　对不可更换的体外束,在锚固端和转向块处与结构相连的固定套管可与束体外套管合并为同一套管。对可整体更换的体外束,在锚固端和转向块处,体外束套管应与结构相连的鞍座套管分离且相对独立;对单根更换的体外束,预应力筋与外套管应能分离。

10.3.4　混凝土梁加固用体外束的锚固端构造可采用下列做法:

1　采用钢板箍或钢构件直接将预应力传至框架柱上。

2　采用钢垫板先将预应力传至端横梁,再传至框架柱上;必要时,可在端横梁内侧粘贴钢板并在其上焊圆钢,使体外束由斜向转为水平向。

3　当锚固端采用钢托件锚固预应力筋时,其与钢筋混凝土梁之间应有可靠的连接构造,如用套箍、螺栓固定等。

10.3.5　混凝土梁加固用体外束的转向块构造可采用下列做法:

1　在梁底部横向设置双悬臂的短钢梁,并在钢梁底焊有圆钢或带有圆弧曲面的转向垫块。

2　在梁两侧的次梁底部设置 U 形钢卡。

10.3.6　钢结构中的体外束锚固端构造可采用锚固盒、锚垫板和管壁加劲肋、半球形钢壳体等形式。体外束弯折处应设置鞍座,并垫有聚四氟乙烯减摩阻力垫板,在鞍座出口处应形成圆滑过渡。

10.3.7　桥梁加固的锚固端及转向块设置可利用原结构横隔梁或新增横隔梁,新增横隔梁应与原结构有可靠的连接构造,保证体外预应力作用有效地传递至原结构主体。

10.3.8　对有灌浆要求的体外预应力体系,体外预应力锚具或其附件上宜设置灌浆孔或排气孔。灌浆孔的孔位及孔径应符合灌浆工艺的要求。

10.4 施工和防护

10.4.1 新建工程体外束的锚固区和转向块应与主体结构同时施工。预埋锚固件与转向管道及转向器的位置和方向应严格符合设计要求,节点区域混凝土必须振捣密实。

10.4.2 体外束外套管的安装应保证连接平滑和完全密闭防水,束体线形和安装误差应符合设计要求,在穿束过程中,应防止束体护套受到机械损伤。

10.4.3 在混凝土加固工程中,体外束锚固端的孔道可采用静态开孔机成孔。在箱梁底板、顶板或腹板等加固工程中,体外束锚固块的做法为局部凿开底板或顶板并植入锚筋,绑焊钢筋和锚固件,再浇筑端块混凝土。

10.4.4 在钢结构中,张拉端锚垫板应垂直于预应力束中心线,与锚垫板接触的钢管与加劲肋端切口的角度应准确,表面应平整。锚固区的所有焊缝应符合现行国家标准《钢结构设计规范》GB 50017 的规定。桥梁钢箱梁端部锚固区段可采用灌注混凝土的做法,以提高局部抗压承载力。体外束在穿过非转向节点钢板横隔梁时,应设置过渡钢套管,过渡钢套管应定位准确。

10.4.5 体外束的张拉顺序应符合设计规定,张拉时,应保证结构或构件对称均匀受力,避免发生侧向弯曲或失稳,必要时,可采取分级循环张拉方式。在加固工程中,若体外束的张拉力较小,也可采取横向张拉或机械调节方式。

10.4.6 体外束张拉应采取以张拉力控制为主、伸长值校核的方法。实测伸长值与计算伸长值的偏差不应超过 $\pm 6\%$;锚固后实际建立的预应力值与设计规定值的偏差不应超过 $\pm 5\%$。超过时,应查明原因并采取措施予以调整。张拉过程中,应对张拉力、张拉伸长值、反拱及异常现象等做出详细记录;必要时,对张拉过程进行测试。

10.4.7 使用过程中完全暴露于空气中的体外预应力束,其防腐蚀措施应符合下列规定:

1 对刚性外套管,应具有可靠的防腐蚀性能,在使用一定时期后,应重新涂刷防腐蚀涂层。

2 对高密度聚乙烯等塑料外套管,应保证长期使用的耐老化性能,必要时,进行更换。

10.4.8 体外束的保护套管在使用期内应有可靠的耐久性能,可采用高密度聚乙烯管或镀锌钢管,并应符合下列规定:

1 采用水泥灌浆时,管道应能承受 $1.0\ \text{N/mm}^2$ 的内压,其内径不应小于 $1.6\sqrt{A_p}$,其中 A_p 为束的计及单根无粘结筋塑料护套厚度的截面面积,使用塑料管道时,应考虑灌浆时温度的影响。

2 采用防腐化合物如专用防腐油脂等填充管道时,除应遵守有关规定的温度和内压外,在管道和防腐化合物之间,因温度变化发生的效应不得对钢绞线产生腐蚀作用。

3 镀锌钢管的壁厚不宜小于管径的 1/40,且不应小于 2 mm;高密度聚乙烯管的壁厚宜为 2 mm～5 mm,且应具有抗紫外线功能。

4 刚性外套管应具有可靠的防腐蚀性能,在使用一定时期后,应重新涂刷防腐蚀涂层。

10.4.9 体外束的锚具应设置全密封防护罩,对不要求更换的体外束,可在防护罩内灌注水泥浆或其他防腐蚀材料;对可更换的体外束,应保留必要的预应力筋长度,在防护罩内灌注油脂或其他可清洗的防腐蚀材料。

10.4.10 体外预应力加固体系的防火措施可采用涂敷防火涂料或其他方式,应按照安全可靠、经济实用的原则选用,并考虑下列条件:

1 在要求的耐火极限内,能有效地保护体外预应力筋、转向块、锚固块及锚具等。

2 防火材料应易与体外预应力体系结合，并对体外预应力体系不产生有害影响。

3 当钢构件受火产生允许变形时，防火保护材料不应发生结构性破坏，仍能保持原有的保护作用直至规定的耐火时间。

4 施工方便，易于保障施工质量。

5 防火保护材料不应对人体有毒有害。

10.4.11 对于体外预应力加固体系中的纤维增强复合材料，应采用包封法、喷涂防火涂料法或喷涂矿物纤维进行防火保护。

10.4.12 体外预应力结构应在使用期限内进行检查和维护，以确保结构在使用期限内的安全适用。

11 钢结构预应力施工

11.1 一般规定

11.1.1 钢结构预应力施工前,预应力施工单位应进行张拉过程结构受力及变形的分析计算,编制专项施工方案,经单位技术负责人批准并报送监理工程师签字认可后,方可施工。钢结构预应力施工深化设计图应经原设计单位确认。

11.1.2 钢结构预应力施工前,应对运至现场的成品拉索、锚具等按要求和相关标准进行验收,包括核对出厂报告、产品质量保证书、检测报告、铭牌及出厂合格证,检查索体的外观及几何尺寸等,待验收合格后,方可进行预应力施工。

11.1.3 钢结构预应力施工前,应按照现行国家标准《钢结构工程施工质量验收规范》GB 50205 对钢结构进行专项验收,待验收合格后,方可进行预应力施工。

11.1.4 预应力施加阶段,应对索力、结构变形和控制点处结构应力等进行监测,并应形成监测报告。

11.2 施工阶段计算

11.2.1 预应力钢结构应进行施工阶段分析,通过施工分析确定详细的预应力施工工序,保证结构内力状态与形状参数等符合设计初始状态的要求;应对施工阶段结构的强度、稳定性和刚度进行验算;其计算结果应经原设计单位确认。

11.2.2 预应力钢结构施工阶段荷载包括结构自重、预应力、施工活荷载、风荷载和温度作用等，其标准值应按实际计算或按现行国家标准《建筑结构荷载规范》GB 50009 和《钢结构工程施工规范》GB 50755 等的有关规定执行。

11.2.3 对于施工阶段结构的强度和稳定性验算，当预应力作用对结构有利时，预应力分项系数应取 1.0；对结构不利时，应取 1.3。对于施工阶段结构的刚度和变形等验算，预应力分项系数应取 1.0。荷载效应组合应符合现行国家标准《建筑结构荷载规范》GB 50009 等的有关规定。

11.2.4 预应力钢结构施工阶段分析结构重要性系数不应小于 1.0。

11.2.5 预应力钢结构施工阶段内力及变形分析应包括下列内容：

1 宜建立预应力拉索与钢结构共同作用的整体有限元分析模型。

2 宜采用静力学分析方法对施工全过程的钢杆件、拉索内力、结构变形和支座位移进行分析计算。

3 应考虑结构变形、支座变形、温度作用等对预应力的影响。

4 预应力分级、分批施加时，应考虑预应力间的相互影响。

11.2.6 预应力张拉时结构荷载工况与设计初始状态不一致时，施工单位应通过计算确定结构的施工初始状态，包括结构内力状态和形状参数等。

11.2.7 对增设有临时支承的结构，应通过施工分析对临时支承结构的构件承载力、稳定性和刚度进行验算，且应考虑预应力施加阶段主体钢结构可能脱离临时支承结构的工况。

11.3　制作与安装

11.3.1 拉索制作方式分为工厂预制和现场制作。钢丝束拉索和钢拉杆拉索应采用工厂预制，其制作和质量应符合现行相关规范和产品标准的要求。钢绞线拉索可以工厂预制也可在现场制作组装,其索体材料和配套锚具应符合现行相关标准的规定。拉索锚固体系构造参见本标准附录 A.4。

11.3.2 拉索制作长度应根据结构设计初始状态下的索长、索力和索端节点板长度等确定;拉索调节量宜根据拉索制作误差、结构安装误差、计算分析误差及环境温度误差等综合确定。

11.3.3 钢丝束索体宜优先采用应力状态下标记、下料,也可通过弹性变形换算后进行无应力状态下料;钢丝束、钢绞线下料时,应考虑环境温度对索长的影响,并采取相应的补偿措施。

11.3.4 钢丝束、钢绞线进行无应力状态下料时,宜施加 $200 \text{ N/mm}^2 \sim 300 \text{ N/mm}^2$ 的张拉应力,以保证索体平直。

11.3.5 成品拉索制作长度允许偏差应符合表 11.3.5 的规定。

表 11.3.5 成品拉索制作长度允许偏差

钢丝束、钢绞线		钢拉杆	
拉索长度 L(m)	允许偏差(mm)	杆件长度 L(m)	允许偏差(mm)
$\leqslant 50$	± 15	$\leqslant 5$	± 5
$50 < L \leqslant 100$	± 20	$5 < L \leqslant 10$	± 10
> 100	$\pm L/5\,000$	> 10	± 15

11.3.6 对较长的钢丝束、钢绞线等成品拉索,应成盘运输,成盘弯曲半径应大于 20 倍索体直径。当拉索两端索头不同时,应将先安装的索头盘卷在外,后安装的索头盘卷在内。

11.3.7 现场制索和组装拉索时,应采取相应措施,保证拉索内各股预应力筋平行分布。

11.3.8 拉索在制作和安装过程中,应预防腐蚀、受热、磨损及雨水进入索体和锚具内部,且不得损伤索体保护层和索端锚头及螺纹,不得堆压弯折和扭转索体。若索体受损时,必须及时修补。

11.3.9 拉索安装方法应根据布索方式、索长、索重、索的刚柔程度、起重设备和现场施工条件等综合确定,并符合安装方案和整体工程对拉索安装工艺的要求。拉索牵引安装到位后,必须有效锚固。

11.3.10 使用胎架进行钢结构拼装时,为确保拼装精度,安装胎架应具有足够的支撑刚度。预应力张拉后结构支座反力会发生变化,支座处的胎架在设计、制作和吊装时,应采取有针对性的措施。

11.3.11 当采用起重机进行拉索的吊装和安装时,拉索宜成盘或成捆整体吊装,且应绑扎牢固;当拉索展开吊装时,应采取措施避免索体和锚具直接在地面或支架平台上拖动及空中无控制摆动。

11.3.12 拉索安装完成后,应采取防护措施防止对拉索产生损坏。

11.3.13 施工作业时,宜在风力不大于 4 级的情况下进行安装;遇雷电天气,不得进行安装作业。

11.4 施加预应力

11.4.1 拉索张拉方法、张拉顺序、张拉程序以及张拉力应符合张拉方案和设计要求;张拉时,结构的形态、荷载工况、支撑条件及支座约束条件应与张拉方案和施工模拟计算相一致。

11.4.2 与拉索相连的钢构节点构造、拉索锚具形式及其构造应满足预应力张拉工艺的要求;当不满足时,施工单位应提出合理的构造措施,并报设计单位确认。

11.4.3 应根据张拉力的数值选择合适的张拉机具,并设计合理的张拉工装,张拉设备用仪表、测力传感器等应进行计量标定,并在有效使用期内。

11.4.4 张拉前,应搭设作业平台,作业平台应不影响结构变形;对影响结构变形的支撑、平台等,应在预应力张拉前予以脱离。

11.4.5 张拉时,千斤顶和油泵位置不应存在较大高差,否则应调整油泵上的压力表值,以弥补高差引起的千斤顶和油泵之间的油压差,或在千斤顶的进油口增设压力表。

11.4.6 拉索张拉前,应确定以索力控制为主或结构位移控制为主的原则。对结构重要部位,宜进行索力与结构位移双控制,并应规定索力与结构位移的允许偏差。

11.4.7 拉索张拉应遵循分阶段、分级、对称、同步、缓慢匀速的加载原则。

11.4.8 拉索张拉时,可直接用千斤顶与经校验的配套压力表监控拉索的张拉力;必要时,也可用其他测力装置同步监控拉索的张拉力。

11.4.9 张弦梁、张弦拱、张弦桁架的拉索张拉还应符合下列规定:

1 在钢结构拼装完成且拉索安装到位后,进行拉索预紧,预紧力宜取初始态索力的10%~20%。

2 张拉过程中,应保证结构的平面外稳定。对平面张弦结构宜在两榀结构间联系杆件安装完毕,并形成具有一定空间稳定体系后,再将拉索张拉至设计索力。倒三角形截面形式的张弦结构可单榀张拉至设计索力。

3 张弦结构拉索张拉时宜使支座滑动,以释放对下部支撑结构的推力。

11.4.10 当风力大于4级或雨雪天气,或环境温度高于50 ℃或低于-5 ℃时,不应进行预应力张拉。

11.4.11 拉索张拉时,应做好详细记录。记录应包括日期、时间、环境温度、索力、索伸长量和结构变形等的测量值。

11.4.12 在索力、结构位移调整完成后,对钢绞线拉索夹片式锚具应采取防松措施,使夹片在低应力动载下不松动。

11.5 施工监测

11.5.1 监测单位应根据结构特点、钢构安装方案、拉索张拉顺序和施工分析计算结果,制定详细的监测方案,经原结构设计确认后报监理单位审批。监测内容应包括张拉过程中和张拉完成后的索力、结构控制点的变形、支座水平位移及环境温度等参数；监测内容宜包括结构控制点的应力及环境风速等。

11.5.2　索力可采用压力传感器、频率式索力仪或磁通量索力仪进行测量，压力传感器用于拉索张拉阶段索力的测定，频率式索力仪用于已完成张拉的拉索索力测定，磁通量索力仪可用于张拉阶段和张拉完成后的索力测定。

11.5.3　监测结构变形的测点应布置在结构有代表性的控制点处，测点设置应固定可靠并便于施工过程中的监测。

11.5.4　监测钢结构的应力时，应采用可靠的应变计和数据采集仪进行测量，测点应布置在有代表性构件的控制截面处。

11.5.5　拉索张拉完成后，应对监测结果进行分析，并与施工分析结果和设计要求进行比较，超过时，应查明原因并予以调整。对于大型复杂预应力钢结构，当部分监测结果超过设计规定时，应对实测索力、结构变形、钢结构应力等控制参数进行综合评价，判断是否满足设计要求，并报设计单位确认。

11.6　质量要求

11.6.1　钢结构预应力施工质量应符合现行国家标准《建筑工程施工质量验收统一标准》GB 50300、《钢结构工程施工质量验收规范》GB 50205 和本章的规定。

11.6.2　钢结构预应力张拉的实测值与设计值偏差不应超过±10%，钢结构控制点位移与设计值偏差应满足设计要求。当超标难以调整时，必须与设计单位协商处理。

11.6.3　钢结构预应力各工序的施工应在前一道工序施工质量验收合格后进行；未经检验或检验不合格的，严禁进行下道工序的施工。

11.6.4　钢结构预应力施工完成后，拉索的表面质量、预应力作用节点构造及永久性防护措施应满足设计要求。

11.7 防护和维修

11.7.1 预应力钢结构拉索体系应根据所处的环境与结构特点等条件采取相应的防腐蚀和耐老化措施。其防腐蚀措施包括索体防腐蚀、锚固区防腐蚀和传力节点防腐蚀。

11.7.2 索体的普通防腐蚀可对高强钢丝或钢绞线进行镀锌、镀铝、环氧喷涂处理或对裸索体包裹护套，索体的多层防护可对经防腐蚀处理后的高强钢丝或钢绞线索体外再包裹护套。对特殊的腐蚀环境，宜根据具体情况采取相应防腐蚀措施。

11.7.3 锚固区锚头按机械零件标准采用镀层防腐蚀或喷涂防腐涂料，对可换索头应灌注专用防腐油脂进行防护，锚固区与索体应全长封闭。室外拉索的下锚固区应采取设置排水孔或承压螺母上开设排水槽等排水措施。

11.7.4 传力节点按机械零件标准采用镀层防腐蚀或定期涂刷防腐蚀涂料。

11.7.5 当拉索体系中外露的塑料护套有耐老化要求时，应在制作时采用双层塑料，内层添加抗老化剂和抗紫外线成分，外层满足建筑色彩要求。

11.7.6 索体防火宜采用钢管内布索、钢管外涂敷防火涂料保护的办法。当拉索体系中外露的塑料护套有防火要求时，应在塑料护套中添加阻燃材料或外涂满足塑料防火要求的特殊涂料。外露的索体、锚头和传力节点应涂刷防火涂料。

11.7.7 应定期对预应力钢结构拉索体系及其防护涂层进行检查，对出现损伤的索体和防护层应及时修复。应定期对重大桥梁工程的拉索进行索力监测和评估。

12 施工管理

12.1 一般规定

12.1.1 承担预应力工程施工的单位应具备相应的施工能力,并具有健全的质量管理体系、施工质量控制和检验制度。

12.1.2 施工项目部的机构设置和人员组成应满足预应力工程施工管理的需要。预应力张拉、灌浆等关键工序的作业人员应经过培训,并具备各自岗位需要的基础知识和操作技能,特殊工种的作业人员必须持证上岗。

12.1.3 预应力工程施工前,应对施工图纸进行交底和会审。预应力施工深化设计文件应经原设计单位确认。

12.1.4 预应力施工单位应根据设计文件、工程总体进度计划和施工顺序的要求,结合结构特点和现场施工条件,编制预应力专项施工方案。

12.1.5 施工单位应认真执行安全生产责任制,对预应力施工过程中可能发生的危害、灾害与突发事件制定应急预案。应急预案应进行交底和培训;必要时,应进行演练。

12.2 施工配合

12.2.1 预应力分项工程施工应与主体结构施工密切配合,做到工序合理、施工方便、节省工期、降低成本。

12.2.2 大面积单层和多层现浇预应力混凝土结构的施工段划分,应根据结构平面布置特点和约束情况等综合确定。施工顺序宜从中间施工段开始向两侧拓展,以减少预应力筋张拉时受周围结构约束的影响。

12.2.3 模板安装和拆除的配合应符合下列规定:

1 对预应力混凝土结构的支架体系,应制定合理的搭设方案,并进行力学验算。

2 预应力混凝土梁、板底模的起拱高度应符合设计要求。当设计未规定时,宜为梁、板跨度的 1/1 000～3/1 000。

3 预应力混凝土梁的侧模应在预应力筋铺设后安装,梁的端模应在端埋件安装后封闭。

4 模板的拆除应符合本标准第 7.3.4 条的相关规定。

12.2.4 钢筋安装的配合应符合下列规定:

1 柱的竖向钢筋和梁的负弯矩钢筋应按照预应力梁柱节点构造详图中的位置安装,并留出锚垫板的安装空间。

2 普通钢筋安装时,应避让预应力筋或预埋管道;当无法避让必须切割受力钢筋时,应征得设计单位同意并采取相应的补强措施;梁腰筋间的拉筋应在预埋管道安装后绑扎。

3 普通钢筋、暗埋管线不得改变预埋管道、无粘结或缓粘结预应力筋的标高。

4 预埋管道、无粘结或缓粘结预应力筋安装后,在无防护措施情况下,其周围不得进行电焊等作业。

5 预埋管道预埋位置应有可靠的固定措施,防止混凝土浇捣时改变该管道的位置而使结构张拉预应力后产生有害的应力集中现象。

12.2.5 混凝土浇筑阶段的配合应符合本标准第 7.1 和 7.2 节的相关规定。

12.3 施工安全

12.3.1 预应力工程施工应实行逐级安全技术交底制度。施工前,项目技术负责人应将有关安全施工的技术要求向施工作业班组、作业人员作出详细说明,并由双方签字确认。

12.3.2 预应力工程施工单位应建立安全生产教育制度。新进员工入场前,必须完成公司、项目部、班组三级安全教育,未经安全教育的人员不得上岗作业。

12.3.3 预应力工程施工单位应认真执行安全生产检查制度。对检查过程中发现的安全问题,应及时出具整改通知单,对存在严重问题的违章人员,应依照奖罚制度进行处理。

12.3.4 施工人员进入施工现场应戴安全帽,高空作业应系安全带,且不得乱放工具和物件。

12.3.5 现场放线和断料的预应力钢绞线或钢丝,应设置专用场地和放线架,避免放线时钢丝、钢绞线跳弹伤人。

12.3.6 预应力施工作业处严禁上下交叉同时作业,应设置安全护栏和安全警示标志。

12.3.7 预应力施工时,应搭设可靠的操作平台和安全挡笆,利用已有脚手架进行作业时,应确保脚手架安全可靠。在悬挑部位进行作业的人员应佩戴安全带。雨天张拉时,应架设防雨棚。

12.3.8 张拉作业区应设置明显的警戒标志,非作业人员不得随意进入作业区。

12.3.9 张拉时,应严格执行在张拉千斤顶两侧操作的规定,千斤顶后面严禁站人,且不得用脚踩踏预应力筋等。

在测量预应力筋伸长值或拧紧锚具螺帽时,应停止张拉,作业人员必须站在千斤顶侧面操作。

12.3.10 液压千斤顶支撑必须与构件端部接触紧密,位置准确对称。如需增加垫块,应保证其支脚稳定和受力均匀,并应有防止倾覆的技术措施。

12.3.11 孔道灌浆时,操作人员应配备口罩、防护手套和防护眼镜,防止浆液喷溅伤人。

12.3.12 预应力施工现场施工用电应严格执行现行行业标准《施

工现场临时用电规范》JGJ 46 的规定。

12.3.13 钢结构拉索安装时,应在相应工作面上设置安全网,作业人员必须系安全带。户外作业时,宜在风力不大的情况下进行。在安装过程中,应注意风速和风向,采取安全防护措施避免拉索发生过大摆动。有雷电时,必须停止作业。

12.4 质量控制

12.4.1 预应力工程应严格按照设计图纸、施工方案和本标准的规定进行施工。

12.4.2 材料采购必须严格按设计图纸规定的规格型号和要求选择材料供应方,要求分供方有生产许可证和出厂合格证。需要进场检验的材料,严格按照本标准的相关规定执行。

12.4.3 设备进场时,必须由设备管理员验收合格,并报监理确认后,才能投入使用。

12.4.4 预应力工程和相关工序施工前,应由项目技术负责人向相关施工人员和操作工人书面技术交底,并在施工过程中检查执行情况。

12.4.5 预应力工程各工序的施工,应在前一道工序质量检查合格后进行;未经检验或检验定为不合格的,严禁进行下道工序的施工。

12.4.6 采用智能张拉和循环智能压浆设备施工时,应将无线传输数据实时反馈至相关施工单位,实现预应力施工质量的远程跟踪、预警、及时发现、纠正和解决质量问题。

12.4.7 张拉施工前,应对张拉构件端部预埋件、灌浆孔、外观等进行全面检查,在符合设计规定后,填写张拉申请单报监理审批。张拉申请单可按本标准附录 D 采用。

12.4.8 预应力工程施工质量应由施工班组自检、互检、专职质量人员专检三级控制,施工方自检合格后方可报监理验收。对检查中发现的质量问题,应及时采取纠正措施。预应力分项工程检验批质量检查应按本标准附录 H 作出记录。

12.4.9 预应力工程施工过程中,应对隐蔽工程进行验收;对后张预应力筋的张拉过程、灌浆过程等重要工序,应加强质量检查,并作出见证记录。对结构受力较复杂的部位、构件或大跨度桥梁,应实时监控量测张拉变形情况。

12.5 环境保护

12.5.1 施工项目部应针对工程具体情况,制定施工环境保护计划,落实责任人员,并组织实施。

12.5.2 施工过程中,对施工设备和机具维修、运行、存储过程中的油料,应采取有效的隔离措施,不得直接排放。油料应统一收集并进行无害化处理。

12.5.3 现场灌浆用的水泥及其他灌浆材料应采取防水、防潮措施,并密闭存放管理。

12.5.4 现场制浆时,应采取扬尘控制措施;制浆和灌浆过程中产生的污水和废浆应进行回收处理,不得直接排放。

12.5.5 施工过程中产生的建筑垃圾应进行分类处理,施工现场严禁焚烧各类建筑垃圾和废弃物品。

12.5.6 夜间施工应办理相关手续,并采取减少声、光等污染的措施。

13 施工验收

13.1 一般规定

13.1.1 预应力混凝土结构分项工程施工质量验收应按现行国家标准《建筑工程施工质量验收统一标准》GB 50300、《混凝土结构工程施工质量验收规范》GB 50204、《公路工程质量检验评定标准》JTG F80 和本标准的相关规定执行;体外预应力工程、预应力钢结构分项工程施工质量验收尚应符合现行国家标准《钢结构工程施工质量验收规范》GB 50205 及现行行业标准《索结构技术规程》JGJ 257 等相关标准的规定。

13.1.2 根据施工工艺,预应力分项工程可划分为制作与安装、张拉与锚固、灌浆与封锚等三个检验批。每个检验批的范围,可按楼层、变形缝或施工段划分。

13.1.3 预应力分项工程检验批的质量验收应由监理工程师组织施工单位项目质量检查员进行,并按检验批质量验收统一用表做出记录(见本标准附录 H)。

13.1.4 检验批合格质量应符合下列规定:

1 主控项目和一般项目的质量经抽样合格(主控项目和一般项目的划分见本标准附录 H)。

2 具有完整的施工操作依据和质量检查记录。

13.1.5 预应力分项工程的质量验收,应由监理工程师组织施工单位项目技术负责人进行,并按预应力分项工程质量验收统一用表做出记录(见本标准附录 H)。

13.1.6 预应力分项工程质量验收合格应符合下列规定：

　1 分项工程所含的检验批均符合合格质量的规定。

　2 分项工程验收资料完整并符合验收要求。

13.2　验收记录

13.2.1 预应力分项工程质量验收时，应提供下列文件和记录：

　1 验收文件

　　1）预应力分项工程设计文件、竣工图、图纸会审记录、设计变更文件；

　　2）预应力分项工程施工组织设计、技术交底记录；

　　3）预应力筋的质量证明文件和进场复验报告；

　　4）预应力筋用锚具、连接器质量证明文件和进场复验报告；

　　5）转向块、锚固块原材料的合格证和进场复验报告；

　　6）成孔材料质量证明文件和进场复验报告；

　　7）张拉设备配套标定报告；

　　8）灌浆材料质量证明文件、进场复验报告、配合比试验报告和浆体试块强度试验报告。

　2 验收记录

　　1）预应力筋及预埋管道安装隐蔽工程验收记录；

　　2）转向块、锚固块与混凝土结构的连接检查记录；

　　3）预应力筋张拉及灌浆记录；

　　4）缓粘结预应力筋同条件固化观察记录；

　　5）外套管灌注及锚固端防护封闭记录；

　　6）体外预应力体系外露部分防火措施检查记录；

　　7）检验批质量验收记录。

13.2.2 预应力分项工程施工验收，除检查相关文件、记录外，尚应全数进行外观质量检查。

13.2.3 当提供的文件、记录以及外观抽查结果均符合现行国家标准《混凝土结构工程施工质量验收标准》GB 50204 和本标准的要求时,方可进行验收。

附录 A 各类锚具的组成部件及构造

A.1 钢绞线锚固体系

A.1.1 单孔夹片锚固体系

单孔夹片锚固体系由锚环、夹片、承压钢板和螺旋筋组成,适用于锚固单根无粘结预应力钢绞线。

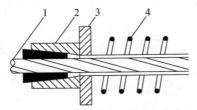

1—钢绞线;2—单孔夹片锚具;3—承压钢板;4—螺旋筋

图 A.1.1 单孔夹片锚固体系

A.1.2 多孔夹片锚固体系

多孔夹片锚固体系由多孔锚环、夹片、锚垫板(也称铸铁喇叭管)和螺旋筋组成,适用于锚固多根有粘结预应力钢绞线。

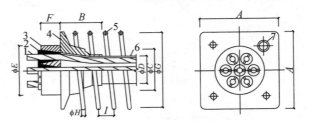

1—钢绞线;2—夹片;3—锚板;4—锚垫板;5—螺旋筋;6—波纹管;7—灌浆孔

图 A.1.2 多孔夹片锚固体系

A.1.3 扁型锚具锚固体系

扁型锚具锚固体系多由扁型锚具、夹片和扁型锚垫板（也称铸铁喇叭管）组成，适用于楼板及桥面横向预应力等。

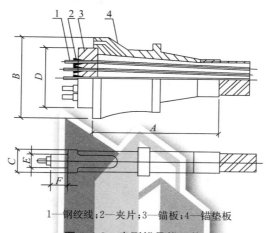

1—钢绞线；2—夹片；3—锚板；4—锚垫板

图 A.1.3 扁型锚具锚固体系

A.1.4 固定端锚固体系

固定端锚具类型有挤压锚具、压花锚具和 U 形锚具等。

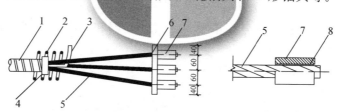

1—波纹管；2—螺旋筋；3—排气管；4—约束圈；
5—钢绞线；6—锚垫板；7—挤压锚具；8—异形钢丝衬圈

图 A.1.4-1 挤压锚固定端

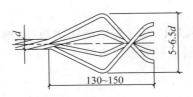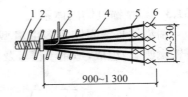

1—波纹管;2—螺旋筋;3—排气管;4—钢绞线;5—构造钢筋;6—压花锚具

图 A.1.4-2 压花锚固定端

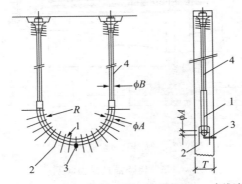

1—环形波纹管;2—U 形加固筋;3—灌浆管;4—直线波纹管

图 A.1.4-3 U 形锚具

A.1.5 钢绞线连接器

钢绞线连接器分为单根钢绞线连接器和多根钢绞线连接器两种。

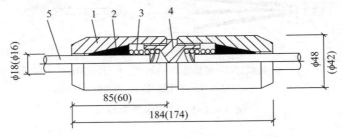

1—带内螺纹的加长锚环;2—夹片;3—弹簧;4—带外螺纹的连接头;5—钢绞线

图 A.1.5-1 单根钢绞线连接器

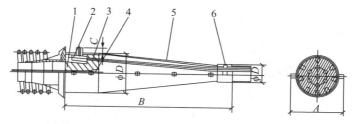

1—连接体；2—挤压锚具；3—钢绞线；4—夹片；5—保护套；6—约束圈

图 A.1.5-2 多根钢绞线连接器

A.1.6 环锚

HM 型环锚，又称游动锚具，应用于圆形结构的环状钢绞线束，或使用在两端不能安装普通张拉锚具的钢绞线上。环形锚具使用的钢绞线首尾锚固定在一块锚板上，张拉是需要加边角块在一个方向进行张拉（图 A.1.6）。

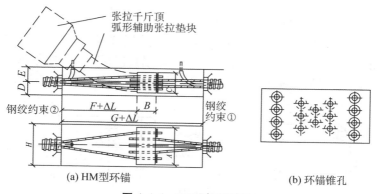

(a) HM型环锚   (b) 环锚锥孔

图 A.1.6 HM 型环形锚具

A.2 钢丝束锚固体系

镦头锚具适用于锚固任意根钢丝束。常用的镦头锚具分为 A 型与 B 型。A 型由锚杯与螺母组成，用于张拉端；B 型为锚板，用于固定端。

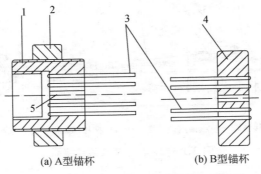

(a) A型锚杯   (b) B型锚杯

1—锚杯；2—螺母；3—钢丝束；4—锚板；5—排气孔

图 A.2　镦头锚固体系

A.3　粗钢筋锚固体系

A.3.1　预应力螺纹钢筋锚固体系

预应力螺纹钢筋锚具是利用与该钢筋螺纹匹配的特制螺母锚固的一种支承式锚具。预应力螺纹钢筋锚具包括螺母与垫板，螺母分为平面螺母和锥面螺母，垫板也相应分为平面垫板与锥面垫板。

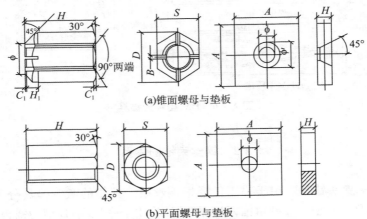

(a)锥面螺母与垫板

(b)平面螺母与垫板

图 A.3.1　预应力螺纹钢筋锚具

A.3.2 预应力螺纹钢筋连接器

预应力螺纹钢筋连接器见图 A.3.2。

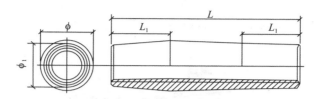

图 A.3.2　预应力螺纹钢筋连接器

A.4　拉索锚固体系

拉索锚固体系是在钢绞线夹片锚具、钢丝束镦头锚具与钢拉杆锚具的基础上发展起来的,主要有钢绞线压接锚具、钢丝束冷(热)铸镦头锚具、钢绞线拉索锚具和钢拉杆锚具等。

A.4.1　钢绞线压接锚具

钢绞线压接锚具是利用液压钢索套压机将套筒径向压接在钢绞线端的一种握裹式锚具(图 A.4.1)。

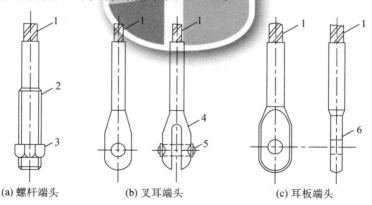

(a) 螺杆端头　　　　(b) 叉耳端头　　　　(c) 耳板端头

1—钢绞线;2—螺杆;3—螺母;4—叉耳;5—轴销;6—耳板

图 A.4.1　钢绞线压接锚具

A.4.2 钢丝束冷铸镦头锚具

钢丝束冷铸镦头锚具的构造是其筒体内锥形段灌注环氧铁砂,当钢丝受力时,借助锲形原理,对钢丝产生夹紧力。钢丝穿过锚板后在尾部镦头,形成抵抗拉力的第二道防线。

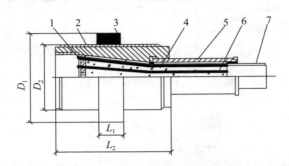

1—镦头锚板;2—筒体;3—螺母;4—环氧铁砂;5—延长筒;6—热挤;7—热挤 PE 钢索

图 A.4.2　钢丝束冷铸镦头锚具

A.4.3　钢丝束热铸镦头锚具

钢丝束热铸镦头锚具的构造与冷铸镦头锚具大体相同,差别在于采用低熔点的合金充填锚杯中钢丝间的空隙,液体合金冷却后锚住索体。

A.4.4　钢绞线拉索锚具

钢绞线拉索锚具的构造见图 A.4.4。张拉端锚具:对于短索,可在锚板外边缘加工螺纹,配以螺母承压;对于索长调整量大的长索,需要用带支撑筒的锚具,锚板位于支撑筒顶面,支撑筒依靠外螺母支承在锚垫板上;为了防止低应力状态下夹片松动,设有防松装置。固定端锚具:可省去支撑筒与螺母。拉索锚具内一般灌注油脂或石蜡等,对抗疲劳要求高的锚具,一般灌注粘结料。

A.4.5　钢拉杆锚具

钢拉杆锚具由两端耳板、钢拉杆、调节套筒、锥形锁紧螺母等组成。两端耳板与结构支撑点用轴销连接。钢拉杆可由多根

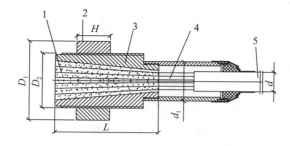

1—热铸料；2—螺母；3—锚杯；4—高强钢丝；5—索体

图 A.4.3　钢丝束热铸镦头锚具

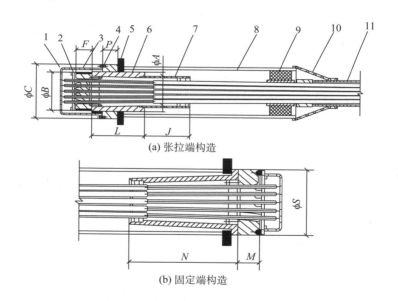

(a) 张拉端构造

(b) 固定端构造

1—保护罩；2—防松装置；3—夹片锚具；4—螺母；5—锚垫板；6—支撑筒；
7—索导管；8—预埋管；9—减振装置；10—护罩；11—索体

A.4.4　钢绞线拉索锚具

接长,端头有螺纹。调节套筒既是连接器,又是锚具,内有正、反牙。钢拉杆张拉时,收紧调节套筒,使钢拉杆建立预应力。

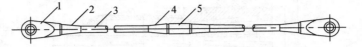

1—耳板;2,4—锥形锁紧螺母;3—钢拉杆;5—调节套筒

图 A.4.5 钢拉杆锚具

附录 B 金属波纹管和塑料波纹管规格

表 B.0.1 圆形金属波纹管规格(mm)

管内径		40	45	50	55	60	65	70	75	80	85	90	96	102	108	114	120
允许偏差		±0.5											±1.0				
最小钢带厚度	标准型	0.28			0.30					0.35			0.40				
	增强型	0.30			0.35					0.40		0.45		0.50			

注:当有可靠工程经验时,金属波纹管的钢带厚度可进行适当调整。

表 B.0.2 扁形金属波纹管规格(mm)

		适用于 ϕ 12.7 预应力钢绞线			适用于 ϕ 15.2 预应力钢绞线		
内短轴	长度	20			22		
	允许偏差	+1.0			+1.5		
内长轴	长度	52	67	75	58	74	90
	允许偏差	±1.0			±1.5		
最小钢带厚度	标准型	0.30	0.35	0.40	0.35	0.40	0.45
	增强型	0.35	0.40	0.45	0.40	0.45	0.50

表 B.0.3 圆形塑料波纹管规格(mm)

管内径	50	60	75	90	100	115	130
管外径	63	73	88	106	116	131	146
允许偏差	±1.0				±2.0		
管壁厚	2.5				3.0		

表 B.0.4　扁形塑料波纹管规格(mm)

内短轴	长度	22			
	允许偏差	+0.5			
内长轴	长度	41	55	72	90
	允许偏差	±1.0			
管壁厚	标准值	2.5		3.0	
	允许偏差	+0.5			

附录 C 预应力损失测试方法

C.1 孔道摩擦损失测试方法

C.1.1 采用千斤顶测试孔道摩擦损失时,应配置压力传感器或精密压力表对张拉力进行度量,测力系统的不确定度不应大于 1% (图 C.1.1)。

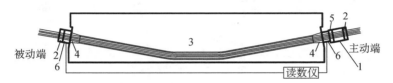

1—千斤顶;2—工具锚;3—梁体;4—喇叭口;5—工作锚;6—穿心式压力传感器

图 C.1.1 孔道摩擦损失测试装置

测试步骤如下:

1 梁的两端安装千斤顶后同时张拉,压力表读数保持一定数值(约 4 N/mm²)。

2 一端固定,另一端张拉。张拉时,分级升压,直至张拉控制拉力 ($0.70F_{ptk} \sim 0.80 F_{ptk}$)。 如此反复进行 3 次,取两端传感器或精密压力表压力差的平均值。

3 仍按上述方法,但调换张拉端和固定端,取测得的两端 3 次压力差的平均值。

4 将上述两次压力差平均值再次平均,即为孔道摩擦损失的测定值。

5 如果两端锚垫板扩孔段与预埋管道连接处预应力筋弯折

形成摩擦损失时,上述测定值应考虑锚口摩擦损失的影响。

C.2 锚口摩擦损失测试方法

C.2.1 锚口摩擦损失测定应在张拉台座或留有直孔道的混凝土试件上进行,张拉台座或混凝土试件长度不应不小于 3 m。锚具、千斤顶、传感器、预应力筋应同轴(图 C.2.1)。张拉力采用压力传感器度量,测力系统的不确定度不应大于 1%。

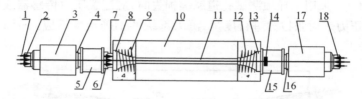

1—预应力筋;2,18—工具锚;3—主动端千斤顶;4,16—对中垫圈;
5—主动端传感器;6—限位板;7—工作锚(含夹片);8,13—锚垫板;
9,12—螺旋筋;10—混凝土试件(台座);11—试件中预埋管道;
14—钢质约束环;15—被动端传感器;17—被动端千斤顶

图 C.2.1 锚口摩擦损失测试装置

C.2.2 在混凝土试件上测试时,试件预留孔道应顺直,且直径应比锚垫板小口内径稍大,试件锚固区配筋及构造钢筋应按设计要求配置。测试步骤如下:

1 两端同时张拉,压力表读数保持一定的数值(约 4 N/mm²);

2 一端固定,另一端张拉至张拉控制应力($0.70F_{ptk} \sim 0.80F_{ptk}$)。设张拉端传感器测得的控制拉力为 P_1 时,固定端传感器相应读数为 P_2,则锚口摩擦损失为

$$\Delta P = P_1 - P_2 \qquad (C.2.2)$$

测试反复进行 3 次,取平均值。

3 如两端均安装被测锚具应调换张拉端,同样按上述方法

进行 3 次,取平均值的 1/2 为锚口摩擦损失。

C.3 变角张拉摩擦损失测试方法

C.3.1 测试用的组装件应由变角装置、预应力筋组成,组装件中各根预应力筋应等长,初应力应均匀。

C.3.2 混凝土承压构件或张拉台座及试验装置安装(图 C.3.2)应符合下列规定:

1 张拉台座或混凝土承压构件的长度不应小于 3 m。

2 变角装置、千斤顶、压力传感器、预应力筋应同轴。

3 测力系统的不确定度不应大于 1%。

1—工具锚;2—压力传感器1;3—千斤顶;4—变角装置;5—锚板;
6—压力传感器2;7,9—钢垫板;8—台座(试件);10—固定端锚具

图 C.3.2 变角张拉摩擦损失测试装置

C.3.3 试验加载步骤应符合下列规定:

1 加载速度不宜大于 200 N/mm²/min。

2 试验时,应分别按 $0.70F_{\text{ptk}}$、$0.75F_{\text{ptk}}$、$0.80F_{\text{ptk}}$ 三级加载,每级持荷时间不应少于 1 min,并应记录两端压力传感器的数值。

C.3.4 变角张拉摩擦损失率按下式计算:

$$\delta = \frac{P_1 - P_2}{P_1} \times 100\% \qquad (C.3.4)$$

式中:δ ——变角张拉摩擦损失率;

P_1 ——压力传感器 1 测得的拉力(N);

P_2 ——压力传感器 2 测得的拉力(N)。

C.3.5 取三级加载测得的摩擦损失率的平均值作为测试结果。

C.4 锚具变形和预应力筋内缩值测试方法

C.4.1 锚具变形和预应力筋内缩值可采用直接测量法或间接测量法。测试时采用的锚具、张拉机具及附件应配套。张拉控制力 N_{con} 宜在 $0.70F_{ptk} \sim 0.80F_{ptk}$ 范围内取用,张拉力采用压力传感器度量,测力系统的不确定度不应大于 1%;测量长度的量具其标距的不确定度不应大于标距的 0.2%。

C.4.2 直接测量法应符合下列规定:

1 测试在台座或混凝土试件上进行,台座或混凝土试件长度不应不小于 3 m。锚具、千斤顶、预应力筋应同轴(图 C.4.2)。

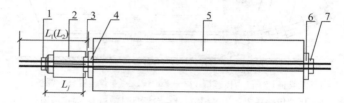

1—工具锚;2—千斤顶;3—张拉端锚具;4,6—锚垫板;5—台座(试件);7—固定端锚具

图 C.4.2 直接测量法测试装置

2 当拉力达到控制力并持荷,待伸长值稳定后,记录张拉控制力 N_{con}(N)、预应力筋在锚垫板外的长度 L_1(mm)、预应力筋在张拉端锚具与工具锚之间的长度 L_j(mm);当千斤顶回油至完全放松时,记录预应力筋在锚垫板外的长度 L_2(mm)。

3 锚具变形和预应力筋内缩值可按下列公式计算:

$$a = L_1 - L_2 - \Delta l \qquad (C.4.2\text{-}1)$$

$$\Delta l = \frac{N_{con} \cdot L_j}{E_p A_p} \qquad (C.4.2\text{-}2)$$

式中：a ——锚具变形和预应力筋内缩值（mm）；

　　　Δl ——在张拉控制力下，张拉端锚具和千斤顶工具锚之间预应力筋的理论伸长值（mm）；

　　　E_p ——预应力筋弹性模量（N/mm²）。

　　4　对多孔夹片式锚具，应至少测量 3 根预应力钢绞线，并取其平均值；同一规格的锚具应测量 3 个，并取其平均值作为该规格锚具的变形和预应力筋内缩值。

C.4.3　间接测量法应符合下列规定：

　　1　测试在台座或混凝土试件上进行，台座或混凝土试件长度不应不小于 3 m。锚具、千斤顶、压力传感器、预应力筋应同轴（图 C.4.3）。

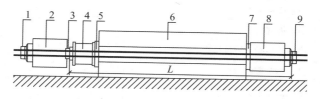

1—工具锚；2,8—千斤顶；3—张拉端锚具；4—压力传感器；

5,7—锚垫板；6—台座（试件）；9—固定端锚具

图 C.4.3　间接测量法测试装置

　　2　当拉力达到控制力并持荷，待伸长值稳定后，记录张拉端传感器读数 P_1（N）；张拉端千斤顶完全回油卸载后，记录张拉端传感器读数 P_2（N）。

　　3　锚具变形和预应力筋内缩值可按下式计算：

$$a = \frac{(P_1 - P_2)(L + 30)}{E_p A_p} \qquad (C.4.3)$$

式中：L ——预应力筋在张拉端锚具和固定端锚具之间的长度（mm）。

　　4　同一规格的锚具应测量 3 个，并取其平均值作为该规格锚具的变形和预应力筋内缩值。

附录 D 预应力张拉申请单

工程名称：

总包单位：　　　　　编号：

序号	项目	检验结果	备注
1	预应力钢材力学性能试验		
2	锚环、夹片硬度及静载试验		
3	混凝土强度试验		
4	穿束质量检查		
5	锚口清理检查		
6	锚固区混凝土质量检查		
7	设备标定资料检查		
8	张拉操作平台检查		
9	作业环境条件		
10	其他		

构件名称/编号：

施工技术负责人：

年　月　日

总包单位意见：

项目技术负责人：

年　月　日

监理单位意见：

总/专业监理工程师：

年　月　日

附录 E 预应力张拉记录表

"自锚式"预应力张拉记录表

工程名称： 构件名称： 构件编号：

钢束种类： 钢束规格： 钢筋弹模 E：_____MPa

锚具名称： 设计控制应力：_____MPa 限位块槽深：_____mm

千斤顶编号： 油压表编号： 标定日期：

标定资料编号： 张拉日期： 气温：_____℃

序号	记录数据 ＼ 项目	钢束编号						
		钢束长度(m)						
		设计张拉力(kN)						
		张拉端						
1	初应力时(油表读数/尺读数)(MPa/mm)							
2	两倍初应力时读数(同上)(MPa/mm)							
3	(MPa/mm)							
4	(MPa/mm)							
5	100%终应力时读数(油表读数/尺读数)(MPa/mm)							
6	(MPa/mm)							
7	工具夹片位移量(mm)	初应力时夹片外露量						
8		终应力时夹片外露量						
9		位移量(序7-8)						
10	回油(安装)前油表读数(MPa)							
11	安装时应力偏差[(序10-5)÷5](%)							
12	钢束理论延伸量(mm)							
13	千斤顶段钢束理论延伸量(mm)							
14	张拉束实际延伸量(序5-1+2-1-9-13)(mm)							
15	安装时延伸量偏差[序(14-12)÷12](%)							
16	油压表回"0"时尺读数(mm)							
17	回缩量(序5-16-13)(mm)							
18	工作夹片外露量(mm)							
19	断丝滑丝及处理							

施工单位： 项目技术负责人： 记录人：

监理单位： 专业监理工程师：

附录 F 浆体性能测试方法

F.1 流动度试验

F.1.1 试验仪器

1 浆体流动度是通过测量一定体积的浆体从一个标准尺寸的流锥仪中流出的时间确定,流锥仪装置如图 F.1.1 所示。

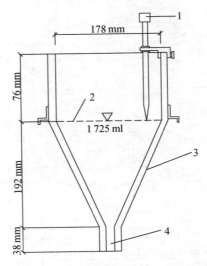

1—点测规;2—浆体表面;3—不锈钢制容器(壁厚 3 mm);4—流出口(内径 13 mm)

图 F.1.1 流锥仪示意图

2 流锥仪的校准:1 725 ml±5 ml,水流出时间应为 8.0 s±0.2 s。

F.1.2 试验方法

测定时,先将流锥仪调整放平,关上底口活门,将搅拌均匀的浆体倾入漏斗内,直至表面触及点测规下端;打开活门,让浆体自由流出,记录浆体全部流出的时间(s)。

F.1.3 测试结果

用流锥仪测定浆体流动度,连续做 3 次试验,取其平均值作为浆体的流动度。

F.2 浆体自由泌水率和自由膨胀率试验

F.2.1 试验仪器

试验仪器如图 F.2.1 所示,用有机玻璃制成,带有密封盖,高 120 mm,放置于水平面上。

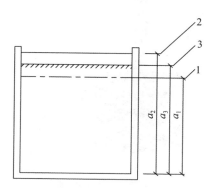

1—最初填灌的浆体面;2—水面;3—膨胀后的浆体面

图 F.2.1 浆体泌水率和膨胀率试验容器示意图

F.2.2 试验方法

往容器内填灌浆体约 100 mm 深,量测填灌面高度并记录,然后盖严。放置 3 h 和 24 h 后量测其离析水水面和浆体膨胀面,然后按下列公式计算泌水率和膨胀率:

$$\text{泌水率} = \frac{100(a_2 - a_3)}{a_1}(\%) \qquad (\text{F.2.2-1})$$

$$\text{膨胀率} = \frac{100(a_3 - a_1)}{a_1}(\%) \qquad (\text{F.2.2-2})$$

F.3 钢丝间泌水率试验

F.3.1 试验仪器

试验仪器如图 F.1.3 所示,用有机玻璃制成,带有密封盖,内径为 100 mm,高为 160 mm。在容器中间置入一根 7 丝钢绞线。钢绞线在容器顶露出的高度为 10 mm~30 mm。

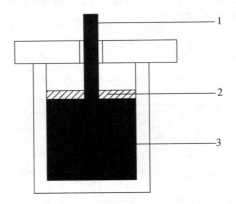

1—7 ϕ 5 钢绞线;2—静止一段时间后的泌水;3—浆体

图 F.1.3 钢丝间泌水试验示意图

F.3.2 试验方法

试验容器置于水平面上,将搅拌均匀的浆体注入容器中,注入浆体体积约 800 ml,并记录浆体准确体积。然后将密封盖盖严,并在中心位置插入钢绞线至容器底部。静置 3 h 后,用吸管吸出浆体表面的离析水量,移入 10 ml 的量筒内,测量泌水量 V_1。

$$泌水率 = \frac{V_1}{V_0} \times 100\%$$

式中：V_1——浆体上部泌水的体积；

　　　V_0——测试前浆体的体积。

附录 G　孔道灌浆记录表

工程名称					构件名称/编号			
孔道编号	时间起止（日期）	灌浆压力（N/mm²）	灌浆材料	水胶比	冒浆情况	浆体用量（m³）	环境温度（℃）	浆体强度（28 d）

施工单位：　　　　　　　　　项目技术负责人：　　　　　　　　　记录人：

监理单位：　　　　　　　　　专业监理工程师：

附录 H 预应力分项工程检验批质量检查记录

表 H.0.1 预应力筋制作及安装检验批质量检查记录

工程名称				验收部位			
施工单位				项目经理			
		检查项目	质量要求			自检记录	监理检查
主控项目	1	预应力筋品种、级别、规格和数量	必须符合设计要求				
	2	锚固区局部加强构造	必须符合施工详图要求				
	3	预应力筋有无损伤	严禁电火花和接地电流损伤预应力筋				
一般项目	1	预应力筋下料	① 应采用砂轮锯或切断机切断; ② 钢丝等长下料长度 l 的最大偏差≤1/5 000				
	2	固定端锚具制作	① 钢绞线外端应露出挤压锚具 1 mm～5 mm; ② 钢绞线压花锚具的梨形头尺寸应符合设计要求,表面不得有污物; ③ 钢丝镦头尺寸不应小于设计值				
	3	预应力筋孔道留设	① 金属(塑料)波纹管规格和定位钢筋间距应符合施工详图要求; ② 波纹管应定位牢固,接头密封,管壁完好; ③ 灌浆、排气兼泌水管的埋设位置应正确,并可靠固定				

	检查项目	质量要求	自检记录	监理检查
一般项目	4　无粘结预应力筋铺设	线形顺直,定位牢靠,护套完好		
	5　预应力筋束(孔道)控制	束形(孔道)控制点的竖向位置允许偏差:截面高度 $h \leqslant 300$ mm 时为 ± 5 mm, 300 mm $< h \leqslant 1\,500$ mm 时为 ± 10 mm, $h > 1\,500$ mm 时为 ± 15 mm		
	6　锚固区埋件安装	① 端部锚垫板应垂直于束形(孔道)中心线; ② 内埋式固定端锚垫板不应重叠,锚具与锚垫板应贴紧; ③ 螺旋筋或钢筋网片应居中放置		

自检评定	项目质量检查员: 　　　　　年　月　日	验收结论	专业监理工程师: 　　　　　年　月　日
	工长　　　　班长		

表 H.0.2 预应力筋张拉检验批质量检查记录

工程名称				验收部位		
施工单位				项目经理		
		检查项目	质量要求		自检记录	监理检查
主控项目	1	混凝土强度和龄期	张拉时混凝土强度和龄期应满足设计和施工方案要求			
	2	预应力筋张拉力	张拉力应符合设计要求,如施工超张拉,张拉力不应超过 $0.8f_{ptk}$(钢丝、钢绞线)和 $0.95f_{ptk}$(螺纹钢筋)			
	3	预应力筋张拉顺序和张拉方法	张拉顺序、整束或单根张拉方式、一端或两端张拉方法等应符合设计和施工方案要求			
	4	预应力筋张拉伸长值	预应力筋张拉实测伸长值与计算伸长值相对允许偏差不应超过±6%			
	5	预应力筋断丝或滑脱	预应力筋张拉时,断丝或滑脱数量严禁超过同一截面钢丝总根数的 3%(建筑工程)和 1%(桥梁工程)			
一般项目	1	锚具变形和预应力筋内缩值	锚具变形和预应力内缩值,除设计另有要求外,应符合下列规定:对支承式锚具:螺母 1 mm,垫板 1 mm;对夹片式锚具:顶压 5 mm,无顶压 6 mm~8 mm			
	2	预应力筋锚固后夹片状态	预应力筋锚固后,夹片顶面宜平齐,夹片错位不宜大于 2 mm,且不应大于 4 mm			
自检评定	项目质量检查员: 年 月 日			验收结论	专业监理工程师: 年 月 日	
	工长		班长			

表 H.0.3 预应力筋孔道灌浆及封锚检验批质量检查记录

工程名称			验收部位		
施工单位			项目经理		
检查项目			质量要求	自检记录	监理检查
主控项目	1	孔道灌浆密实性	预应力孔道内的浆体应饱满密实		
	2	无粘结预应力系统密封性	① 无粘结预应力筋端头和锚具夹片处应符合密封要求; ② 对二、三类环境,无粘结预应力系统应符合全密封要求		
	3	锚具封闭保护	① 外露预应力筋的保护层厚度:对一类环境,应不小于 20 mm;对二、三类易受腐蚀的环境,应不小于 50 mm; ② 凸出式锚固端锚具的保护层厚度应不小于 50 mm		
一般项目	1	预应力筋端头切割	① 切割方法不得损伤预应力筋; ② 切割后的预应力筋保留长度不宜小于其直径的 1.5 倍,且不应小于 30 mm		
	2	灌浆用浆体水胶比	灌浆用浆体的水胶比及其性能指标符合设计要求		
	3	浆体试块强度	灌浆用水泥浆标准养护 28 d 的抗压强度不应小于 40 N/mm^2		
	4	封锚混凝土	封锚混凝土应密实,周边无裂纹		
自检评定	项目质量检查员: 年　月　日			验收结论	专业监理工程师: 年　月　日
	工长		班长		

表 H.0.4 分项工程质量验收记录

工程名称		结构类型	
施工单位		项目经理	
分包单位		分包项目经理	
序号	检验批部位、区段	施工单位 检查评定结果	监理(建设)单位 验收结论
1			
2			
3			
4			
5			
6			
7			
8			
9			
10			
11			
12			
13			
14			
15			
16			
检查结论	项目专业技术负责人: 　　　　　年　月　日	验收结论	总/专业监理工程师: 　　　　　年　月　日

本标准用词说明

    1   为便于在执行本标准条文时区别对待,对要求严格程度不同的用词说明如下:

    1)表示很严格,非这样做不可的用词:

        正面词采用"必须";

        反面词采用"严禁"。

    2)表示严格,在正常情况下均应这样做的用词:

        正面词采用"应";

        反面词采用"不应"或"不得"。

    3)表示允许稍有选择,在条件许可时首先应这样做的用词:

        正面词采用"宜";

        反面词用采用"不宜"。

    4)表示有选择,在一定条件下可以这样做的用词,采用"可"。

    2   条文中指明应按其他有关标准执行的写法为"应符合……的规定"或"应按……执行。"

引用标准名录

1 《预应力混凝土用钢丝》GB/T 5223

2 《预应力混凝土用钢绞线》GB/T 5224

3 《预应力筋用锚具、夹具和连接器》GB/T 14370

4 《预应力混凝土用螺纹钢筋》GB/T 20065

5 《钢拉杆》GB/T 20934

6 《环氧涂层七丝预应力钢绞线》GB/T 21073

7 《混凝土结构设计规范》GB 50010

8 《钢结构设计规范》GB 50017

9 《混凝土结构工程施工质量验收规范》GB 50204

10 《钢结构工程施工质量验收规范》GB 50205

11 《混凝土结构工程施工规范》GB 50666

12 《预应力筋用锚具、夹具和连接器应用技术规程》JGJ 85

13 《无粘结预应力钢绞线》JG/T 161

14 《缓粘结预应力钢绞线》JG/T 369

15 《缓粘结预应力钢绞线专用粘合剂》JG/T 370

16 《预应力混凝土用金属波纹管》JG 225

17 《索结构技术规程》JGJ 257

18 《预应力用电动油泵》JG/T 319

19 《预应力筋用液压镦头器》JG/T 320

20 《预应力用液压千斤顶》JG/T 321

21 《公路工程质量检验评定标准》JTG F80

22 《预应力混凝土桥梁用塑料波纹管》JT/T 529

23 《预应力混凝土结构设计规程》DGJ 08—69

上海市工程建设规范

预应力施工技术标准

DG/TJ 08—235—2020
J 12145—2020

条 文 说 明

2021 上海

目 次

Contents

1 总　则

1.0.1　预应力分项工程施工专业性较强、技术含量较高、施工工艺复杂,为提高预应力工程施工质量,推动预应力技术发展,制定本标准。

1.0.2　本条主要规定了本标准适用范围。其中,市政工程包括城市建设中的各种公共交通、给水、排水、燃气及城市防洪等基础设施工程,桥梁工程包括城市道路桥梁、公路桥梁和城市轨道交通桥梁。

1.0.3　预应力工程的施工涉及面广,不仅包括预应力专项工程施工内容,还涉及其他方面内容,如钢筋工程、混凝土工程、模板工程、钢结构工程等。因此,凡本标准有规定的,应遵照执行;凡本标准无规定的,尚应按照国家、行业和本市现行有关标准的规定执行。

2 术语和符号

2.1 术 语

本标准的术语是从预应力施工的角度赋予其涵义的,但涵义并不等同于该术语的完整定义。

2.2 符 号

本节给出了标准各章节中常用的符号及其含义,力求与现行上海市工程建设规范《预应力混凝土结构设计规程》DGJ 08—69相一致,尽量避免与已用的符号混淆。

3 材　料

3.1 预应力筋

3.1.1　在预应力混凝土结构工程中,由于其强度高、性能好,近年来主要采用低松弛钢丝、钢绞线和螺纹钢筋三大类产品的预应力筋,普通松弛预应力筋和冷加工钢筋工程中应用很少,因此,不再列入本标准。

3.1.3　本条列出了混凝土和钢结构中常用预应力材料如钢丝、钢绞线、预应力螺纹钢筋和钢拉杆的规格和主要力学性能指标,其内容取自相应的现行国家标准或行业标准,以方便用户使用。

3.1.4　预应力筋的代换应符合下列规定:

　1　同一品种同一强度级别、不同直径的预应力筋代换后,预应力筋的截面积不得小于原设计截面面积。

　2　同一品种不同强度级别或不同品种的预应力筋代换后,预应力筋的受拉承载力不得小于原设计承载力。

　3　预应力筋代换后,总张拉力或总有效预拉力不得小于原设计要求。对预应力混凝土框架梁,预应力筋代换后梁端截面配筋尚应满足国家和上海市现行有关标准的抗震性能要求。

　4　代换预应力筋的伸长率和屈强比不得小于原设计要求,应力松弛率不得大于原设计要求。

　5　预应力筋代换后,构件的裂缝宽度、挠度应满足原设计要求。

　6　预应力筋代换后,构件中的预应力筋布置应满足设计规范的构造要求;代换后如锚固体系有变动,应重新验算锚固区的局部受压承载力。

3.1.6～3.1.10 这些条文系依据产品标准和现行国家标准《混凝土结构工程施工质量验收规范》GB 50204 编写。预应力筋的进场验收分为产品规格与数量验收、外观检查及抽样试验三部分内容。前两项为施工单位自检项目。抽样试验则由施工单位取样经监理单位见证后送交具有检测试验资质的单位进行材质检验。

对同批预应力筋分数次送到一个施工现场或不同施工现场的情况，如有可靠证据证明是同批材料，则不必再做试验。

预应力筋产品质量证明书应注明供方名称、地址和商标、规格、强度级别、需方名称、合同号、质量、产品标记、执行标准、出厂日期、技术监督部门印记等。在产品标牌上应注明供方名称、商标标记、规格、强度级别、执行标准等。

3.1.13、3.1.14 索体材料的弹性模量和线膨胀系数宜由试验方法确定，本条中各种材料的弹性模量和线膨胀系数是按照现行行业标准《索结构技术规程》JGJ 257 和现行协会标准《预应力钢结构技术标准》CECS 212 的规定确定。

3.2 涂层预应力筋

3.2.1～3.2.4 涂层预应力筋是在裸露的预应力筋表面涂（镀）防腐蚀材料或无粘结材料制成。近年来，这类新材料得到较大的应用和发展。

镀锌钢丝和镀锌钢绞线是从桥梁工程需要发展起来的，逐步推广应用到建筑工程中的体外索和拉索等。无粘结预应力筋是从无粘结预应力混凝土结构需要发展起来的，也可应用到体外索、拉索等。

环氧涂层钢绞线是通过环氧喷涂使每根钢丝周围形成环氧保护膜，是一种新型防腐蚀钢绞线，对各种腐蚀环境具有较高耐腐蚀性。

缓粘结钢绞线是用缓慢凝固的特种树脂涂料敷在钢绞线上，并外包压波的塑料护套制成。这种新型涂层钢绞线张拉时，具有无粘结预应力筋的性能，固化后又具有粘结预应力筋的特点，具有较大的发展前景。该产品在日本等国已有成熟的使用经验，国内正在推广应用。

3.2.6、3.2.7 无粘结预应力钢绞线包括钢绞线和涂包层两部分，应分别进行检验。现行行业标准《无粘结预应力钢绞线》JG/T 161加强了原材料的检验，规定了护套材料应采用高密度聚乙烯，并修改了护套厚度，对一、二类环境统一取1.0 mm。

3.2.9 由于各生产厂家涂层和护套制作标准不完全一致，表中每米参考重量存在差异性，工程应用时，如果有必要，也可以根据实测确定。

3.2.10 涂层预应力筋的质量证明书中，除附有预应力筋的试验数据外，还应附有涂层和护套的检验数据。进场验收时，涂层和护套的检验应按照相关国家标准的要求进行。

3.3 纤维增强复合材料筋

3.3.1 当前应用于土木工程的纤维增强复合材料筋主要有碳纤维增强复合材料筋、玻璃纤维增强复合材料筋和芳纶纤维增强复合材料筋。其中，玻璃纤维增强复合材料筋强度较低，且耐碱性差，并在长期荷载作用下较芳纶纤维增强复合材料筋和碳纤维增强复合材料筋更易发生徐变断裂，不宜用作预应力筋。因此，本条规定纤维增强复合材料筋混凝土构件应选用碳纤维增强复合材料筋或芳纶纤维增强复合材料筋。

3.3.2 纤维增强复合材料筋存在剪切滞后问题，导致其抗拉强度随直径的增大而降低。因此，本条对单根纤维增强复合材料筋的截面面积进行了限制。纤维增强复合材料筋的截面面积按名义直径即含树脂计算。

3.3.3 考虑到纤维增强复合材料筋抗拉强度的离散度高于钢筋，本条对其抗拉强度标准值提出了更高的强度保证率要求。

3.4 锚具、夹具和连接器

3.4.1 预应力筋用锚具按锚固方式不同，分为夹片式（单孔和多孔夹片锚具）、支承式（螺母锚具、镦头锚具）、握裹式（挤压锚具、压花锚具）和组合式（冷铸镦头锚、冷铸夹片锚、热铸镦头锚）等；按锚固部位可分为张拉端锚具和固定端锚具。由于锥塞式锚具（钢质锥形锚具）在工程中应用很少，不再列入本标准。

　　工程中，锚具、夹具和连接器选用时，可根据结构类型、工程环境条件、预应力筋的品种、产品技术性能、张拉施工方法和经济性等因素综合确定。表 3.4.1 是锚具选用表，夹具和连接器的选用原则同锚具，不再单独列出。

　　在混凝土结构中，预应力钢绞线张拉端优先选用夹片式锚具；内埋式固定端宜选用挤压锚具，对有粘结预应力钢绞线，也可选用压花锚具。由于不同厂家生产的锚具外形相似，但夹片的锥度、选型有细微差别，配套性强，因此，不同厂家生产的锚具部件不得混合使用，以免影响锚固效果。

　　纤维增强复合材料筋可采用机械夹持式、粘结型和组合式锚具，并应保持组装件的破坏模式为锚具外纤维增强复合材料筋拉断。

3.4.2 《预应力筋用锚具、夹具和连接器》GB/T 14370 是锚具产品的国家标准，是生产企业在生产中控制锚具、夹具和连接器产品质量的依据。工程中应用的锚具、夹具和连接器性能应满足现行国家标准的要求。

3.4.4 本条规定了锚具应具备多次张拉和卸载的工艺性能，保证锚具能满足预应力筋分级张拉锚固、卸载重复张拉等工程实际需要。单根张拉的工艺性能，有利于群锚锚具在特殊情况下逐根张拉的需要,并有利于滑丝情况下的卸锚和补张拉。当工程中重复张拉锚固次数较多时,应由用户向厂家提出具体重复次数要求,或直接采用工具锚。

群锚锚具的预应力筋由孔道伸入锚垫板出现转角,因而在张拉时产生摩擦损失。当采用限位自锚张拉工艺时,存在由于夹片逆向刻划预应力筋引起的预应力损失(统称为锚口摩阻损失),直接降低预应力构件的有效预加力。如果实测的锚口摩擦损失率大于6%,应通知设计单位,并由设计单位对设计结果进行验算确认或调整张拉控制力。

3.4.5 适用于高强度预应力筋用锚具,同时适用于低强度预应力筋;但适用于低强度预应力筋用锚具,不得用于高强度预应力筋。这样规定,主要是为了确保预应力筋锚固的安全、可靠。

3.4.8 锚固区传力性能试验是用来检验预加力从锚具通过锚垫板传递到混凝土结构时的局部受压性能。实际工程中,时常出现由于锚垫板和螺旋筋等配套产品质量问题,引起局部受压区混凝土劈裂、崩裂或锚垫板破坏等现象。本条即是为了解决锚具使用中的实际工程问题而规定的内容。本标准要求锚具生产厂必须在锚具产品的型式检验中,完成锚具、锚垫板、螺旋筋等配套产品在要求的混凝土强度和尺寸下的锚固区传力性能试验,并提出相关的合格报告。

3.4.9 锚具产品包括锚具的夹片、锚板、锚垫板、扩孔管、螺旋筋等。通常,锚垫板与扩孔管整体浇注,锚垫板设有螺纹灌浆孔、扩孔管外壁设有加强肋。生产厂家应将产品验收所需的技术参数在产品质量保证书上明确注明,作为进场检验的依据。锚固区传力性能试验在产品定型时,由厂家委托具有资质的检测机构进行,并出具检验报告。

3.4.10 现行国家标准《预应力筋用锚具、夹具和连接器》GB/T 14370 不再将锚具划分为Ⅰ类和Ⅱ类,而是要求所有锚具的静载锚固性能均达到原规范Ⅰ类锚具的要求,即锚具效率系数(η_a)不应小于 0.95，预应力筋总应变（ε_{apu}）不应小于 2.0%。

3.4.11 对锚具用量较少的一般建筑工程和中小桥梁工程，本标准提出了锚具静载锚固性能试验简化验收办法。

1 设计单位无特殊要求的建筑工程可作为一般建筑工程；一般桥梁工程是指设计无特殊要求的二级及以下等级公路中的中小桥梁。

2 当多孔夹片锚具不大于 200 套或钢绞线用量不大于 30 t 时，可界定为锚具用量较少的工程。

3 生产厂家提供的由专业检测机构测定的静载锚固性能试验报告，应与供应的锚具为同条件、同系列产品。

3.4.13 锚具（或夹具、连接器）进场检验是在产品出厂检验合格的基础上进行的复验，鉴于目前国内锚具、夹具及连接器产品的质量水平已经比以往明显提高，并考虑在保证质量的前提下尽量简化进场检验的原则，将锚具的检验批统一规定为 2 000 套，不再区分单孔锚具和多孔锚具，而连接器一般用量较少，仍规定 500 套为一个组批。经第三方独立认证的产品，由于其质量保证体系比较健全，厂家的产品质量保证能力较强，本着鼓励优质产品，降低社会成本的原则，在保证工程产品质量的前提下，经第三方独立认证的产品允许将验收批扩大 1 倍。

3.4.14 预应力筋用锚具、锚垫板、螺旋筋等产品是生产厂家通过锚固区传力性能试验得到的能保证其正常工作性能和安全性的匹配性组合，因此规定锚具、锚垫板、螺旋筋等产品应配套使用。当采用不同厂家的产品组合应用时，所采用的替代产品设计参数如与原厂家产品设计参数一致时，可不进行锚固区传力性能试验。

在实际工程中，出现过将工作锚作为工具锚使用的情况，由于工作锚和工具锚的性能不同，工作锚的重复使用会造成其锚固效率降低，形成安全隐患。

3.5 成孔材料

3.5.2、3.5.3 金属波纹管的钢带厚度、波高和咬口质量是关键控制指标。双波金属波纹管的弯曲性能优于单波金属波纹管。金属波纹管的壁厚不宜小于 0.3 mm。

塑料波纹管不得以废旧塑料颗粒原料制作成型,避免弯曲开裂、折断。

波纹管经运输、存放可能出现伤痕、变形、锈蚀和污染等,因此,使用前应进行外观质量检查。

在大体积混凝土和高温状态下使用塑料波纹管,应有相应温度环境下塑料波纹管刚度变化的检测报告。

3.6 灌浆材料

预应力孔道专用成品灌浆料是指由水泥、高效减水剂、微膨胀剂和矿物掺合料等多种材料干拌而成的混合料,在施工现场按比例加清洁用水搅拌均匀后使用;专用压浆剂是指由高效减水剂、微膨胀剂和矿物掺合料等多种材料干拌而成的混合剂,在施工现场按比例与水泥、水混合并搅拌均匀后使用。

孔道灌浆所采用水泥和外加剂数量较少的一般建筑工程和中小桥梁工程,如使用单位提供近期采用的相同品牌和型号的水泥和外加剂的检验报告,也可不做水泥和外加剂性能的进场检验。

孔道灌浆用水泥、压浆剂以及专用成品灌浆料进场检验批次按下列要求执行:

1 按同一厂家、同一品种、同一代号、同一强度等级、同一批号且连续进场的水泥,袋装不超过 200 t 为一批,散装不超过 500 t 为一批,每批抽样数量不应少于 1 次。

2 按同一厂家、同一品种、同一性能、同一批号且连续进场的混凝土外加剂不超过 50 t 为一批，每批抽样数量不应少于 1 次。

3 水泥基灌浆材料每 200 t 应为一个检验批，不足 200 t 的应按一个检验批计，每一检验批应为 1 个取样单位。

3.7 材料存放

材料存放是保证工程中预应力材料的质量、性能以及工程质量的重要举措，实际工程中往往给以忽略，因此应加以重视。

本节系根据国内工程经验并参考国际预应力协会有关预应力材料管理资料编写。

4 施工机具

4.1 制束机具

4.1.1~4.1.4 预应力筋制作过程中,使用的机具有电动圆盘砂轮切割机、预应力筋用液压式镦头器、预应力筋用挤压机、预应力钢绞线用压花机等。

　　液压镦头器主要由油嘴、顺序阀、镦头活塞、夹紧活塞、镦头活塞回程弹簧、夹紧活塞回程弹簧、壳体、锚环、夹片和镦头模组成,在预应力工程领域常用液压镦头器为 LD 系列(图 1)。其中,ϕ 5 预应力钢丝的镦头采用 LD10 型镦头器;ϕ 7 预应力钢丝的镦头采用 LD20 型镦头器。

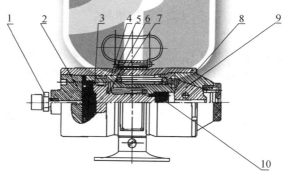

1—油嘴;2—顺序阀;3—镦头活塞;4—夹紧活塞;5—壳体;
6—镦头活塞回程弹簧;7—夹紧活塞回程弹簧;8—锚环;9—夹片;10—镦头模

图 1　镦头器构造图

　　液压镦头器工作原理:油液先进入外油缸,推动夹紧活塞,使夹片夹紧钢丝;当压力升至顺序阀开启油压后,油液再进入油缸,推动镦头活塞,对钢丝进行冷镦。

挤压机工作原理:千斤顶的活塞杆推动挤压套通过锥形孔模具,使挤压套直径变细并将挤压簧嵌入挤压套中,形成牢固的挤压头。操作时注意的事项如下:

1) 检查钢绞线、挤压簧、挤压套、挤压模是否配套,不同厂家的挤压簧、挤压套、挤压模不能混用;
2) 挤压的钢绞线在切割时注意断面整齐,不得歪斜;
3) 挤压时,应在挤压套外表面及挤压模内锥孔均匀涂抹润滑剂或粉剂,如二硫化钼粉等,并使活塞杆与挤压模对中;
4) 挤压时,钢绞线与挤压设备压紧、居中;
5) 当压力超过额定油压仍未挤压时,应停止挤压,更换挤压模。

压花机工作原理:将钢绞线插入活塞杆端部孔内并夹紧,向油缸中供油使活塞杆伸出,当压力足够大时,可把钢绞线压散成梨状。为保证压花后几何尺寸符合要求,在正式投入压花作业前,必须进行压花试件检验。

4.2 张拉机具

4.2.1～4.2.3 油泵按工作原理可分为齿轮泵和柱塞泵,柱塞泵按柱塞位置可分为轴向柱塞泵和径向柱塞泵;按照油泵的流量特性可分为定量泵和变量泵;按照油路数量可分为单路供油和双路供油。油泵的额定压力和公称流量应满足配套机具的要求。

油泵的检验和验收应符合现行行业标准《预应力用电动油泵》JG/T 319 的要求。

张拉油泵额定油压宜为使用油压的 1.4 倍,油泵容量宜为张拉千斤顶总输油量的 1.5 倍以上。

4.2.4～4.2.6 预应力用液压千斤顶由电动油泵提供动力,完成预应力张拉、锚固作业。

液压千斤顶的检验和验收应符合现行行业标准《预应力用液

压千斤顶》JG/T 321 的要求。

4.2.7 智能张拉系统应由数控系统(包含数据采集、传输及控制系统)、数控泵站、液压千斤顶、配套系统(打印设备、液压软管、通讯线、无线传输模块等)组成。

4.3 灌浆机具

4.3.1~4.3.4 制浆及灌浆设备是确保灌浆密实的重要工具,但目前市场品种很多,质量参差不齐,应选用质量好的合格产品,并加强保养,使其处于良好的工作状态。

4.3.5 智能灌浆系统应由控制中心(一般为自带无线网卡的计算机或触控屏)、智能灌浆台车(内含高速制浆机、储浆桶、进浆测控仪、出浆测控仪、水胶比测试仪、压浆泵)、连接管路等部分组成。

4.4 设备的标定与维护

4.4.1 张拉设备(千斤顶和压力表)应配套标定,以确定它们之间的关系曲线,故应配套标示和使用。由于千斤顶主动工作和被动工作时,压力表读数与千斤顶输出力之间的关系是不一致的,因此,要求标定时,活塞的运动方向应与实际工作状态一致。

4.4.2 对设备进行经常性维护和保养,可以使设备处于良好状态。通过对多种吨位及型号千斤顶的检验数据统计表明:正常使用条件下,对于后张法施工,6 个月检验一次可以保证张拉力的精度;对于先张法施工,千斤顶校正有效期不应超过 30 d 或张拉作业达 300 次,油压表不应超过 7 d。当采用 0.4 级精度的精密油压表并有计量管理部门进行检定时,其有效期不应超过 30 d。

当采用测力传感器计量张拉力时,测力传感器应按国家相关检定标准规定的检定周期(1 年)送检,千斤顶和压力表不再作配套标定。

5 施工计算与深化设计

5.1 一般规定

5.1.1 为确保预应力混凝土结构构件在张拉、运输及安装阶段的安全,应对其施工阶段进行验算。

5.1.2 在施工阶段设计计算中,应尽可能全面地考虑到各种荷载。预应力构件吊装验算时,构件自重应乘以动力系数。在不同龄期施加预应力时,应考虑相应阶段的混凝土强度等级和施加的预应力值。在施工过程中发生体系转换时,应考虑体系转换对内力的影响。

5.1.3、5.1.4 对荷载分批施加的预应力混凝土转换梁等构件,应根据荷载的施加程度分批张拉预应力筋,使施工过程中转换梁的变形和应力控制在合理范围内。

对大跨度复杂预应力混凝土结构,应对张拉过程中结构的内力和变形进行验算,确保结构在施工过程中的安全。

5.2 预应力筋下料长度

本节列出了三种预应力筋下料长度计算公式。如果预应力筋固定端埋设位置、张拉设备、锚具和施工工艺等有变化,则应按实际情况调整算式。

当钢绞线固定端采用内埋式挤压锚具或压花锚具时,其下料长度应算至锚具内埋的位置。

当采用变角张拉装置时,应增加预应力筋的下料长度。

5.3 预应力筋张拉力

为了准确建立设计所需的有效预应力值,在预应力筋张拉前,设计单位应提供各项预应力损失计算值。

施工中,如遇到设计中未考虑的预应力损失(如锚口摩擦损失、变角张拉摩阻损失、弹性压缩损失等)或设计中预应力损失(如锚固损失、孔道摩擦损失、预应力筋松弛损失等)取值偏低,则应采取超张拉措施。

若设计图纸上标明的是锚下张拉控制应力,则须计入锚口预应力损失,二者相加即为张拉控制应力。当预应力筋超张拉或计入锚口预应力损失时,其最大张拉控制应力不应超过本标准第5.3.3条的规定;超过时,预应力筋的安全度降低,张拉时容易拉断,发生安全事故。

5.4 预应力损失

5.4.1 预应力损失可分为施工阶段损失和长期损失。对于先张法,施工阶段损失包括张拉端锚具变形和预应力筋内缩引起的损失、张拉端锚口损失、混凝土加热养护时预应力筋与承受拉力的设备之间的温差引起的损失、预应力筋的应力松弛损失等,长期损失则包括混凝土的收缩徐变损失等;对于后张法,施工阶段损失包括孔道摩擦损失、锚固损失、弹性压缩损失等,长期损失则包括预应力筋的应力松弛损失和混凝土的收缩徐变损失等。

对预应力筋在锚口有弯折的锚具还应计入锚口摩擦损失,变角张拉时,应考虑变角张拉摩擦损失。锚口摩擦损失和变角张拉摩擦损失宜根据实测数据确定,测试方法可按本标准附录C执行。

先张法构件放张时或后张法构件分批张拉时,应根据工程情况考虑构件的弹性压缩引起的预应力损失。

5.4.3 张拉端预应力锚固时的锚具变形和预应力筋内缩值,系根据我国多年来对各类锚具测试数据和使用经验确定,与工程实际情况比较吻合。对直线预应力筋,其内缩值对锚固损失的影响较大,应严格控制。有时为了减少张拉端锚下的应力值,可将内缩值适当放大。

直线预应力筋的锚固损失计算公式没有考虑孔道反向摩擦的影响。当孔道摩擦影响系数 κ 值较大时,应考虑孔道反向摩擦的影响,张拉端锚固损失比公式(5.4.3-1)计算值增大,但对跨中处锚固损失的影响较小。在简支构件中,跨中弯矩起控制作用,公式(5.4.3-1)是适用的。

对曲线或折线预应力筋,由于孔道反向摩擦的作用,其锚固损失在张拉端最大,沿预应力筋长度逐步减小,直至消失。根据预应力筋在锚固损失影响区段的总变形与预应力筋内缩相协调的原理,列出锚固损失基本公式 $a = \omega / E_p$ (ω 为锚固损失影响区段的应力图形面积)。只要记住上述基本公式,不论预应力筋线形如何变化及预应力筋沿长度方向扣除孔道摩擦损失后的应力如何变化,都可以计算锚固损失影响区段的应力图形面积 ω,推导出锚固损失的影响长度 l_f 公式,再求出锚固损失 σ_{l1} 值。

为简化曲线预应力筋锚固损失的计算方法,假定:①预应力筋沿长度方向扣除孔道摩擦损失后的张拉力指数曲线为直线变化;②正、反摩擦损失斜率 m 相等。实际上,当正、反摩擦系数相等时,反摩擦损失斜率小于正摩擦损失斜率,二者不相等。简化为相等后,其计算值约大 5%,偏于安全。

锚固损失计算时,一定要注意计算公式中各参数的单位,否则可能导致计算结果不正确。在采用公式 $\sigma_{l2} = (kx + \mu\theta)\sigma_{con}$ 计算孔道摩擦损失时,预应力筋长度单位应为 m,转角单位应为 rad;在计算其他参数时,预应力筋长度单位可取为 mm,以便与预应力筋弹性模量中长度单位的量纲保持一致。

5.4.4 后张法孔道摩擦损失采用国内外通用的公式计算。对多种曲率或直线段与曲线段组成的孔道,宜分段计算孔道摩擦损失。

预应力筋与孔道壁间的摩擦系数 κ 值与 μ 值,主要根据现行国家标准《混凝土结构设计规范》GB 50010 和现行行业标准《公路桥涵施工技术规范》JTG/T 3650 的规定,并参考国内外工程实测数据,给出了一定的幅度,以便结合实际工程选用。

为减少孔道摩擦损失,可采取的措施有:提高孔道成型质量;防止预应力筋表面锈蚀;增大孔道直径;涂水溶性润滑剂,但应采用清水冲洗干净。

5.4.5 为准确建立设计要求的预应力值,对重要的预应力建筑工程,应在现场实测孔道的摩擦损失;桥梁工程预应力张拉前,宜对不同类型的孔道进行至少一个孔道的摩擦损失测试。如果实测孔道摩擦损失与设计值相差较大,导致张拉控制力偏差超过 $\pm5\%$,则应调整预应力筋的张拉控制力。

符合下列条件之一者为重点工程,其他则为一般工程:

1 单跨跨度大于 27 m 的预应力混凝土结构。

2 单束预应力筋连续超过 4 跨(含 4 跨)的预应力混凝土结构。

3 体外预应力或预应力钢结构工程。

4 设计有特殊要求的预应力工程。

5.4.8 对于公路预应力混凝土桥涵工程,混凝土收缩、徐变引起的预应力损失可按下列公式计算:

$$\sigma_{l5}(t) = \frac{0.9[E_P\varepsilon_{cs}(t,\,t_0) + \alpha_{EP}\sigma_{pc}\varphi(t,\,t_0)]}{1 + 15\rho\rho_{ps}} \tag{1}$$

$$\sigma'_{l5}(t) = \frac{0.9[E_P\varepsilon_{cs}(t,\,t_0) + \alpha_{EP}\sigma'_{pc}\varphi(t,\,t_0)]}{1 + 15\rho'\rho'_{ps}} \tag{2}$$

$$\rho = \frac{A_p + A_s}{A},\ \rho' = \frac{A'_p + A'_s}{A} \tag{3}$$

$$\rho_{ps}=1+\frac{e_{ps}^2}{i^2}, \ \rho'_{ps}=1+\frac{e'^2_{ps}}{i^2} \tag{4}$$

$$e_{ps}=\frac{A_p e_p+A_s e_s}{A_p+A_s}, \ e'_{ps}=\frac{A'_p e'_p+A'_s e'_s}{A'_p+A'_s} \tag{5}$$

式中：$\sigma_{l5}(t)$，$\sigma'_{l5}(t)$ —— 构件受拉区、受压区全部纵向钢筋截面重心处由混凝土收缩、徐变引起的预应力损失。

σ_{pc}，σ'_{pc} —— 构件受拉区、受压区全部纵向钢筋截面重心处由预应力产生的混凝土法向压应力，此时，预应力损失值仅考虑预应力钢筋锚固时（第一批）的损失，普通钢筋中的应力 σ_{l5}，σ'_{l5} 值应取为 0；σ_{pc}，σ'_{pc} 值不得大于传力锚固时混凝土立方体抗压强度 f'_{cu} 的 0.5 倍；当 σ'_{pc} 为拉应力时，应取为 0。计算 σ_{pc}、σ'_{pc} 时，可根据构件制作情况考虑自重的影响。

E_P —— 预应力钢筋的弹性模量。

α_{EP} —— 预应力钢筋弹性模量与混凝土弹性模量的比值。

ρ，ρ' —— 构件受拉区、受压区全部纵向钢筋配筋率。

A —— 构件截面面积，对先张法构件，$A=A_0$；对后张法构件，$A=A_n$。

i —— 截面回转半径，$i^2=\dfrac{I}{A}$，先张法构件取 $I=I_0$，$A=A_0$；后张法构件取 $I=I_n$，$A=A_n$。

e_p，e'_p —— 构件受拉区、受压区预应力钢筋截面重心至构件截面重心的距离。

e_s , e'_s ——构件受拉区、受压区纵向普通钢筋截面重心至构件截面重心的距离。

e_{ps} , e'_{ps} ——构件受拉区、受压区预应力钢筋和普通钢筋截面重心至构件截面重心轴的距离。

$\varepsilon_{cs}(t , t_0)$ ——预应力钢筋传力锚固龄期为 t_0，计算考虑的龄期为 t 时的混凝土收缩应变；

$\varphi(t , t_0)$ ——加载龄期为 t_0，计算考虑的龄期为 t 时的徐变系数。

5.5 预应力筋伸长值计算

5.5.1 预应力筋张拉伸长值的计算公式系根据预应力筋在弹性阶段的应力与应变成正比确定。从高强度低松弛钢丝和钢绞线的应力应变曲线中可以看出，预应力筋的比例极限（弹性范围）等于或稍高于 $0.8 f_{ptk}$，施工中张拉控制应力最大值不大于 $0.8 f_{ptk}$，公式（5.5.1-1）的计算结果是准确的。

为了简化张拉伸长值的计算，预应力筋的张拉力取张拉端拉力与计算截面扣除孔道摩擦损失后的拉力平均值，其计算误差不大于 0.5%，对一般工程是许可的。孔道摩擦系数 κ 与 μ 值是波动的。施工中如遇到孔道弯折较多、孔道直径较小等应增大 κ 和 μ 值。

预应力筋的弹性模量波动范围为 $3\% \sim 5\%$，对计算张拉伸长值的影响较大。根据现行国家标准，对钢丝，$E_p = (2.05 \pm 0.1) \times 10^5 \mathrm{MPa}$，对钢绞线，$E_p = (1.95 \pm 0.1) \times 10^5 \mathrm{MPa}$，可供参考。预应力钢丝束和钢绞线束使用时，存在同束各根长度参差不齐和应力不匀现象，导致钢丝束和钢绞线束 E_p 比单根钢丝和钢绞线 E_p 低 $2\% \sim 3\%$。对重要的预应力混凝土结构，弹性模量应事先测定。

近年来,在有些工程的特殊部位配有曲率半径小于 3 m 的预应力筋。张拉时,不但孔道摩擦系数显著增加,而且紧贴孔道的钢绞线与外侧钢绞线的应力相差较大,应力较大的钢绞线会超过钢材的比例极限,公式(5.5.1-1)已不适用。该类结构设计时,张拉控制力应降至 $0.60f_{ptk} \sim 0.65f_{ptk}$,以保证张拉过程中每根预应力筋的应力在比例极限内。

5.5.2 对多曲线段或直线段与曲线段组成的预应力筋,张拉伸长值应分段计算较为准确。

公式(5.5.2)计算的总 ΔL_p^c 值,可采用列表法先求出各分段点扣除孔道摩阻损失后的预应力筋的应力,再逐段计算 ΔL_p^c 值,或编制软件计算,更为方便。

5.5.3 预应力筋张拉实际伸长值是以测量数据为基数,增加初拉力以下的推算伸长值,并扣除有关附加伸长值得出,为了获得准确的实际伸长值,应注意以下几点:

1 初拉力取值,应使预应力筋完全绷紧。根据国内工程实际经验,对直线预应力筋,宜为张拉力的 $10\% \sim 15\%$,对曲线预应力筋,宜为张拉力的 $15\% \sim 25\%$。

2 初拉力以下的推算伸长值,系根据弹性范围内张拉力与伸长值成正比用计算法或图解法确定。对有粘结预应力筋,由于其在孔道内可活动,张拉力与摩擦力成正比,上述推算方法是适用的。但是,对无粘结预应力筋,张拉时,首先要克服较大的摩擦力才能伸长,如仍采用上述方法推算初拉力以下的伸长值,必然偏大,尤其对超长筋更为明显。因此,对无粘结预应力筋,初拉力应取低值,以减少推算伸长值误差。必要时,可测定超长无粘结预应力筋初拉力以下的实际伸长值。

3 扣除有关附加伸长值,包括千斤顶体内的预应力筋伸长值、张拉端工具锚和固定端工作锚楔紧引起的预应力筋内缩值、构件弹性压缩值等。但应注意:①张拉端工作锚楔紧引起的预应力筋内缩值是锚固后发生的,不得扣除;②前卡式千斤顶内工具锚滑移值不得漏扣;③对平均预压应力较小的构件,其弹性压缩值可略去不计。

4 因克服锚口摩擦损失与变角张拉摩擦损失而增加的张拉力,已在张拉端锚口处抵消,不应计算张拉伸长值。

5 钢绞线束采取单根张拉时,其张拉伸长值应取单根张拉伸长值的平均值。

5.6 局部承压计算

无论是对混凝土结构或是钢结构来说,预应力作用都是通过节点施加到结构上的,张拉端局部承压破坏将导致预应力作用失效,并且会发生安全事故。特别是对预应力钢结构和无粘结预应力混凝土结构,预应力一直作用在端部节点上。因此,锚固节点构造和局部承压验算非常重要。

5.6.1,5.6.2 对预应力混凝土结构或构件锚固区的局部受压验算提出具体要求。以往工程中,没有对锚垫板提出明确的技术性能要求,其产品生产和质量控制处于无序状态,厂家为了降低成本,通常采取减小锚垫板的尺寸和配套螺旋筋的规格等措施,造成工程中局部受压质量事故频出,影响了工程质量。条文要求锚固区传力性能试验合格,间接规定了锚垫板的产品质量要求,同时规定了局部加强钢筋设计的有关要求。

局部受压加强钢筋是指预应力锚固区的间接钢筋,包括螺旋筋和网片筋等。当工程实际条件不满足锚具的产品技术参数要求而进行专门设计时,主要是由设计人员对局部加强钢筋、混凝土强度等级进行调整,必要时,也可对锚垫板进行专门设计,并由设计人员提出是否进行试验。

5.6.3 对钢结构中预应力锚固节点的构造提出具体要求。对加劲肋、加劲环或加劲构件,应根据其受力状况和支撑条件,参照现行国家标准《钢结构设计规范》GB 50017 的相应规定进行验算,重点保证其局部受压强度、刚度和局部稳定的要求。当加劲肋、加劲环或加劲构件的受力或支撑条件复杂,可采用有限元方法分析,以全面了解锚固节点的实际受力状态。

对重要、复杂或新型节点,可以通过模型试验验证节点的受力性能。

通过板件焊接形成的节点,由于焊缝密集,容易产生焊接残余应力,影响连接强度。采用铸钢节点可有效保证节点的强度,避免节点破坏,但应考虑制作加工和施工安装的便利。

5.7 施工深化设计

施工深化设计是建筑工程预应力施工准备工作的重要一环,且须得到原设计单位的确认后方可正式施工。在大型复杂建筑工程中,考虑结构布置的复杂性以及建筑使用功能等要求,合理确定预应力筋的分段搭接布置、张拉节点构造以及梁柱节点区域预应力筋与普通钢筋的位置排列是预应力施工深化设计的重点和难点。

6 制作与安装

6.1 一般规定

6.1.1 预应力筋进场时,应检查其产品合格证、出厂检验报告、预应力筋的数量和规格等。预应力筋使用前,应按进场的批次和产品的检验方法抽取试样作力学性能检查,其质量应符合现行国家标准的规定。

6.1.2 高强预应力钢材属于高碳钢,局部高温后会使材料性能发生变化。因此,切割时,应使用砂轮切割机,不得使用电弧切割。制作时,应避免焊接电火花损伤预应力筋表面。严禁将预应力筋作为电焊接地线。

6.1.4 对于板构件,先安装板底普通钢筋,待预应力筋安装完成后,再安装板面普通钢筋。

6.1.5 先张法预应力筋的安装应选用非油质类模板隔离剂,并应避免沾污预应力筋。

6.2 预应力筋制作

6.2.2 各厂家生产的挤压锚具尺寸有微小差异,因此,挤压力也有差异,应采用配套的挤压机挤压。挤压时,挤压套外表面可涂油脂等润滑剂。挤压锚具与锚垫板宜采用机械式固定方式。

6.2.4 钢丝镦头时,端面应平整,钢丝应插到镦头器穴模底部,并注意钢丝不能偏入夹片缝隙中,以免夹扁钢丝。为保证钢丝等长下料可采用穿入钢管内或放入角钢槽内的限位法下料;也可采用第一次逐根下料,第二次捆扎成束后用砂轮切割机精确等长下料。

6.3 预应力孔道成型

6.3.1 预留预应力孔道是制作后张构件的关键工序,预留孔道质量对预应力钢材的穿束和张拉有直接影响。孔道形状有直线、曲线和折线三种。孔道成型的基本要求:孔道的尺寸与位置应正确,孔道应平顺,连接应密封,以防孔道堵塞。孔径尺寸确定的原则是应便于灌浆,一般预应力筋的截面积不宜超过孔道面积的50%,孔道间距应便于浇筑混凝土。

塑料成孔材料的刚度在高温环境下容易降低,因此,在高温环境或大体积混凝土中采用塑料成孔材料时,应采取措施防止孔道变形或堵塞。

6.3.3 预埋管道采用钢筋定位。钢筋的间距与预应力筋数量和预埋管道自身刚度有关,对先穿束且预应力筋根数较多的定位钢筋间距取较小值。一般曲线预应力筋的关键点如最高点、最低点和反弯点等应直接点焊钢筋,其余点可按等距离布置。预埋管道安装后,应采用钢丝与定位钢筋绑扎牢靠,必要时,点焊压筋,形成井字形钢筋支架,防止预埋管道上浮。预埋管道使用时,应尽量避免反复弯曲,以防管壁开裂,同时应防止电焊火花烧伤管壁。预埋管道安装后检查管壁有无破损,接头是否密封等,并及时用管片和胶带修补。

6.3.4 波纹管宜采用同一厂家生产的产品,以便与接头管波纹匹配。波高应满足规定要求,以免接头管处波纹扁平而拉脱。波纹管的连接处应用多道防水胶带包缠封闭,以免漏浆。塑料波纹管在现场应少用接头甚至不用接头,直接整根预埋。必要时,可采用塑料热熔焊接或采用专用连接管连接。

6.3.5 对后张法预应力混凝土结构中预埋管道的灌浆孔及泌水

管等的间距和位置要求,是为了保证灌浆质量。灌浆孔、排气及泌水孔间距与孔道成型材料、曲线形状及灌浆孔构造有关。

6.3.6 胶管抽芯一般采用有 5 层~7 层帆布夹层、壁厚 6 mm~7 mm 的普通橡胶管,钢管抽芯用于直线孔道,钢管应光滑平直、无锈蚀、无局部凹陷和焊疤等突出物。采用胶管或钢管抽芯法制孔时,抽管时间应根据水泥品种、水灰比、气温和养护方法等条件通过试验确定。以混凝土抗压强度达到 0.4 N/mm² ~0.8 N/mm² 为宜,且抽拔时不得损伤结构混凝土。抽芯后,应采用通孔器或压力、压水等方法对孔道进行检查;如发现孔道堵塞或有残留物或与邻孔有串通,应及时处理。

6.3.7 竖向预应力孔道底部必须安装灌浆和止回浆用的单向阀,钢管接长宜采用丝扣连接。

6.3.8 本条根据钢管桁架中预应力孔道采用钢套管成型的工程实践经验编写。

6.4 有粘结预应力筋安装

6.4.1 先穿束是预应力筋在混凝土浇筑前穿入孔道,穿束方便,但距张拉和灌浆时间间隔较长,预应力筋容易产生锈蚀。后穿束是预应力筋在混凝土浇筑后穿入孔道,预应力筋不易锈蚀,但相对穿束难度大。因此,应根据结构特点、施工条件和工期要求等综合确定。

6.4.2 对于长度不大于 60 m 且不多于 3 跨的直线或多波曲线束,可采用人力单根穿。对于长度大于 60 m 的超长束、多波束、特重束,宜采用卷扬机前拉后送分组穿或整束穿。当超长束需要人力穿束时,可在构件中设置部分助力段,便于穿束。具体穿束方法应根据孔道波形、长度与孔径和现场施工条件等灵活应用。对穿束困难的孔道,应适当增大预留管道直径。

6.4.5 在竖向孔道中,采用整束由下向上牵引方法进行穿束是比较安全的,应优先采用。

6.4.6 混凝土浇筑前穿入孔道的预应力筋,由于混凝土浇筑、养护等过程,预应力筋在孔道内时间较长,容易引起预应力筋锈蚀,进而影响孔道摩擦力,严重的,甚至会影响预应力筋的力学性能;以往相关规范中没有相应的限制规定,工程中普遍采用先穿束工艺,预应力筋锈蚀情况比较严重,有必要进行适当的限制。本条考虑了建筑工程和市政工程的特点,规定了时间间隔,同时也是对采用后穿束工艺的一种鼓励。

6.4.7 当采取后穿束留孔时,为防止混凝土浇筑过程中管道漏浆堵孔,应采用通孔器通孔。

6.5 无粘结或缓粘结预应力筋安装

6.5.2、6.5.3 板内控制无粘结筋曲线坐标的定位钢筋,通常可用直径 12 mm 的钢筋制作,避免施工时踩踏变位。

6.5.5 在双向平板中,无粘结或缓粘结预应力筋有两种安装方法。一种是按编排顺序由下而上安装,即首先计算交叉点处双向预应力筋的竖向坐标,确定最下方的预应力筋先安装,依次编排出所有预应力筋的安装顺序,这种安装方法不需要交叉穿束,但安装顺序没有规律,会影响施工进度。另一种是先安装某一方向预应力筋(跨中最低点在下方),后安装方向的预应力筋在交叉点处的竖向坐标低于先安装方向预应力筋时,从先安装方向预应力筋下方穿过,这种安装方法在交叉点处存在穿束,但条理清晰,易于掌握,且安装速度快。为保证双向板内曲线无粘结或缓粘结预应力筋的矢高,又兼顾防火要求,应对无粘结或缓粘结预应力筋与板底和板面双向钢筋的交叉重叠关系确认后定出合理安装方式。

6.5.6 在无粘结或缓粘结预应力筋张拉端,如预应力筋与锚垫板不垂直,易发生断丝。张拉端凹入混凝土端面时,采用塑料穴模的效果优于泡沫块或木盒等方法。

6.5.7 无粘结或缓粘结预应力筋埋入混凝土内的固定端通常采用挤压锚。当混凝土截面较小或钢筋较密时,多个挤压锚位置宜错开,避免重叠放置,影响混凝土浇筑密实。

6.5.12 本条是根据国内外工程经验作出的规定。当板上开洞对结构受力性能有较大影响时,应通过计算采取必要的加强措施。

6.6 质量要求

关于预应力筋制作及安装的质量要求,本节归纳为以下几点:

1 预应力筋的品种、级别、规格和数量对保证预应力结构构件的抗裂性能及承载力至关重要,必须符合设计要求。

2 预应力筋的端部挤压锚、压花锚、镦头锚的制作质量应可靠。

3 预应力筋若遇电火花损伤,容易在张拉阶段脆断,故应避免。施工时,应避免将预应力筋作为电焊的一极。受电火花损伤的预应力筋应予以更换。

4 预应力束(管道)的线型直接影响建立预应力的效果,并影响结构构件的承载力和抗裂性能,故对束形(管道)控制点的竖向位置允许偏差要求较高,应符合设计要求,并事先通过节点施工深化设计图确认。在施工过程中,如遇实际情况不能满足坐标要求,经设计单位复核认可后方可变更。

5 浇筑混凝土时,预留管道定位不牢固会发生移位,影响建立预应力的效果。

6 预应力筋(管道)位置应固定可靠,管壁应完好无损,接头应密封良好。

7 张拉端和固定端构造应符合施工图的要求;锚垫板应与预应力筋或管道中心线相垂直,且不得重叠。

8 无粘结或缓粘结预应力筋安装应满足线形顺直、定位可靠和护套完好的要求。

7 混凝土浇筑

7.1 一般规定

7.1.1 预应力隐蔽工程验收包括下列主要内容：

1 预应力筋的品种、规格、级别、数量和位置。

2 预埋管道的规格、数量、位置、形状、连接以及灌浆孔、排气或泌水孔。

3 预应力筋锚具和连接器及锚垫板的品种、规格、数量和位置。

4 锚固区局部加强构造措施等。

7.1.2 预应力混凝土结构严禁使用含氯化物的水泥。预应力混凝土若使用海砂，应经净化处理，合格后方可使用，其氯离子含量不得大于其质量的 0.02%。

7.1.3 混凝土在浇筑过程中，应在混凝土浇筑地点随机取样，取样与试件留置应符合相关规范要求；多留置的同条件养护试件主要作为后张法构件施加预应力的依据。

7.1.4 混凝土结构后浇带应按设计和规范要求留置，后浇带区域模板及支撑系统、混凝土浇筑、节点处理、后浇带封闭等应根据施工技术方案确定。预应力筋的安装、连接及密封方法应保证预应力的可靠传递。

7.2 混凝土浇筑

7.2.1、7.2.2 混凝土的浇筑顺序及方法应能使结构张拉端混凝土充分密实，并可靠传递预压应力；浇筑过程中，应对预应力筋及预埋件等采取保护措施；锚固区、张拉端等配筋密集部位，可采取小型振动棒辅助振捣、加密振捣点、延长振捣时间等方法加强振捣，必要时，可采取附着振动器或表面振动器振捣。

7.3 养护与拆模

7.3.1 养护是为了防止预应力张拉前混凝土产生裂缝，确保预应力混凝土的力学性能和施工质量，因此应加强混凝土湿度和温度的控制。各种养护方式可以单独使用，也可以组合使用。选择养护方式应考虑现场条件、环境温湿度条件、结构特点、技术要求和施工操作等因素。

7.3.2 混凝土浇筑前，施工单位应根据工程特点和现场环境条件，制定具体的养护方案，并在混凝土浇筑后加以实施。

7.3.3 混凝土在未达到一定强度要求时，不得破坏其结构。实际操作中，可通过经验和混凝土强度规律曲线进行判定。

7.3.4 预应力混凝土结构的侧模宜在张拉前拆除，以利于预压应力的建立，同时可观察有无裂缝现象。预应力结构的底模及支撑系统的拆除，应在施工方案中予以明确。后浇带所在跨的模板及支撑系统在其混凝土合龙前不应因相邻跨模板及支撑拆除而改变构件的设计受力状态。

7.4 质量要求

混凝土浇筑是影响结构施工质量的重要环节，混凝土内部应密实，不得有蜂窝、空洞等，表面应平整，不得有露筋现象，且不得出现贯穿性的裂缝。质量检验应按现行国家标准《混凝土结构工程施工质量验收规范》GB 50204 的规定进行。

7.5 混凝土缺陷修补

7.5.1 考虑锚固区混凝土出现疏松、蜂窝等质量缺陷可能对结构安全性、耐久性产生不利影响,因此,其修补宜制定技术方案,并按照控制程序严格实施。

7.5.2 管道堵塞是后张预应力施工中常见病害之一,应编制整修方案后认真实施。首先要确定管道堵塞的位置,然后凿开堵塞处的管道、清除漏浆、修复管道,并用强度等级高一级的细石混凝土修补凿开的部位,在修补混凝土强度达到设计值后进行张拉和灌浆。

7.5.3 本条规定了混凝土结构缺陷修补后观感要求以及保证可追溯的档案资料管理要求。

8 张拉与锚固

8.1 一般规定

8.1.1 预应力张拉设备和仪表应根据预应力筋种类、锚具类型和张拉力要求合理选用。选用千斤顶的额定张拉力宜为所需张拉力的 1.5 倍,且不得小于 1.2 倍;与千斤顶配套使用的压力表应选用防震型产品,其压力表量程应不小于千斤顶实际最大工作压力的 1.2 倍。张拉设备行程一般不受限制,如锚具对重复张拉有限制时,应选用合适行程的张拉设备。

智能张拉是近年发展起来的一种新型张拉技术,在我国部分地区后张预应力工程中开始试用,具有精度高、操作方便等优点,并可避免人为误差和数据造假。本标准建议当技术条件和现场环境等条件具备时,可在工程中优先采用。

8.1.2 预应力筋张拉力是由锚固区传递给结构,因此,张拉时实体结构混凝土应达到设计要求的强度等级,满足锚固区局部受压承载力的要求。

早龄期施加预应力的构件由于弹性模量低,会产生较大的压缩变形和徐变,因此,本标准规定预应力张拉条件为混凝土强度和弹性模量两项指标双控。鉴于混凝土弹性模量的测试比较复杂,而研究结果表明:强度等级 C 40 及以上的混凝土 5 d 弹性模量均能达到其 28 d 弹性模量的 85% 以上,因此可以通过对混凝土龄期的控制替代对弹性模量的控制。本标准规定:张拉时预应力混凝土楼板龄期不宜小于 7 d,预应力混凝土梁龄期不宜小于 10 d。

8.1.4 多(高)层预应力混凝土楼面模板及支撑施工宜根据浇筑

混凝土时间及拆模强度要求配置,预应力张拉应穿插进行,避免多层支模使下层楼板的施工荷载过大。

8.1.6 张拉过程是确保预应力工程施工质量的关键环节。预应力张拉过程中,应克服人为的质量隐患,因此,质量管理人员应加强旁站监督,确保张拉数据的真实可靠和工程的安全。

8.2 先张法张拉

8.2.2 低温张拉预应力筋容易出现预应力筋脆断情况,故规定此条。

8.2.3 预应力筋的张拉顺序应符合设计要求;设计无要求时,宜先单束初调直线预应力筋,再单束初调、整体张拉折线预应力筋,待整体张拉直线预应力筋后,再对折线预应力筋进行补张拉。

先张法预应力筋张拉后,如果环境温度发生变化,其预应力筋内的应力将发生变化,温度升高时,应力将降低,温度降低时,应力将提高。因此,应尽量选择与预应力筋张拉时温度相近的时段浇筑混凝土,以避免出现预应力值的波动,影响构件内建立的预应力值。

8.2.4

2 近年来的工程实践表明,放张时仅强调强度而忽视混凝土的弹性模量的做法对构件而言是不利的,故将混凝土弹性模量亦作为一项控制指标,且在不低于 28 d 弹性模量的 80% 时方可进行放张作业。对混凝土早期抗压强度和弹性模量的试验研究表明,混凝土的弹性模量随龄期单调增长,与龄期呈指数函数关系,但其增长速度渐减并趋于收敛,混凝土的强度等级越高,则早期弹性模量发展越快,但差异不是很大,且其变异系数有随龄期的增长而减小的趋势。因此,通过对混凝土龄期的控制代替对弹性模量的控制是可行的。通常情况下,混凝土的龄期不宜少于 7 d,最短不宜少于 5 d。

4 砂箱一般用于现浇构件脱底模,在先张构件施工时,因砂箱在重复使用时的预应力损失较大,不宜采用;单根钢筋拧松螺母的方法效率低、安全性差,是落后工艺,因此,限定放张优先采用楔块或千斤顶。

为防止过快的放张速度对混凝土造成冲击破坏,必须对放张速度加以限制。

5,6 先张法构件放张的原则,就是要防止在放张过程中构件发生翘曲、裂纹及预应力筋断折等现象。如果采用骤然切断的方法,会使构件两端受到冲击力而出现裂纹,均匀地放松可防止发生这些现象。

对于折线配筋先张构件,一般应先放松折线筋,切断导向装置支撑侧板后,再放松直线筋,构件外露直线筋长度应能保证折线筋放张后外露直线筋的应力不超过 0.8 倍的抗拉强度标准值 f_{pk}。

8 规定由放张端开始依次切向另一端,是为防止切断过程中发生预应力筋自行拉断现象。

8.3 后张法张拉

8.3.1 直线预应力筋可采取一端张拉方式。曲线预应力筋锚固时由于孔道反向摩擦的影响,张拉端锚固损失最大,沿构件长度逐步减至零。当锚固损失的影响长度 $l_f > L/2$(L 为孔道投影长度)时,张拉端锚固后预应力筋的应力等于或小于固定端的应力,应采取一端张拉;当 $l_f \leq L/2$ 时,应采取两端张拉,但对简支构件或采取超张拉措施满足固定端应力要求后,也可改用一端张拉。

8.3.2 分阶段张拉是指在后张预应力结构中,为了平衡各阶段的荷载,采取分阶段施加预应力的方法。分批张拉是指不同束号预应力筋先后错开张拉的方法。分级张拉是指同一束号按不同程度张拉的方法。分段张拉是指多跨连续梁分段施工时,统长的预应力筋需要逐段张拉的方法。变角张拉工艺是指张拉作业受到空间限制,需要在张拉端锚具前安装楔形钢垫块,使预应力筋改变一定的角度后进行张拉的工艺。经实际测试,变角 10°～25° 时,应超张拉 2%～3%;变角 25°～40°时,应超张拉 5%,弥补预应力损失。

8.3.3 在一般情况下,对同一束预应力筋,应采取整束张拉方式,使各根预应力筋建立的应力比较均匀。对扁锚预应力束、直线束或弯曲角度不大的单波曲线束,允许采取单根张拉方式,但单根张拉引起的预应力损失应在张拉时予以考虑。

8.3.4 超张拉回缩是针对多跨曲线预应力筋张拉而提出的一种施工方法。施工时,首先通过超张拉提高中间支座处的应力,并通过增大锚固回缩损失降低边支座处的应力,使构件沿长度方向建立比较均匀的预压应力。

8.3.6 预应力筋的张拉顺序应使混凝土不产生超应力、构件不扭转与侧弯、结构不变位等,因此,对称张拉是一个重要原则。

8.3.9 冬季温度低于 5 ℃时缓粘结剂黏度显著增大,张拉需要持荷 4 min 以上,影响张拉速度,如果工程中需要张拉,可以通过电加热措施对钢绞线加热至 10 ℃以上进行张拉。

8.3.12 锚垫板内和预应力筋表面应清理干净,保证张拉和锚固质量,防止出现断丝和滑移现象。锚垫板后混凝土不密实,会导致张拉时局部承压破坏。因此,张拉前应进行检查。

8.3.14 张拉端锚具和千斤顶安装应保持中心线相吻合。张拉力作用线与预应力束中心线重合可以保证预应力筋轴向受拉,防止张拉时预应力筋被剪断。

8.3.16 鉴于低松弛预应力筋性能好且在市场广泛采用,普通松弛预应力筋在工程中很少应用,因此,本条是低松弛预应力筋的张拉工艺,普通松弛预应力筋的张拉工艺不再列入。

需要超张拉取决于设计要求和施工工艺,但最终目的是张拉锚固后锚下应力达到设计要求。若张拉工艺增加了设计未考虑的预应力损失,则应进行超张拉。

本条中可调节式锚具是指张拉过程中可以调节张拉控制力的锚具,如镦头锚、螺母锚具等;不可调节式锚具是指张拉过程中不能调节张拉控制力的锚具,如具有自锚性能的夹片式锚具等。

本条对张拉持荷时间进行了调整,对预应力长束来说,持荷时间太短不利于调整预应力筋的松弛和均匀性。建筑工程多跨(大于 3 跨)或长束(大于 60 m)预应力筋、桥梁工程预应力筋,张拉时持荷时间可取 5 min;建筑工程一般预应力筋,张拉时持荷时间可根据跨数和长度取 2 min~5 min,跨数多、长度长时取大值。

8.3.17,8.3.18　由于摩擦阻力的存在,开始张拉时,各根预应力筋尚未处于受力状态,只有当张拉力达到一定值后预应力筋才能完全绷紧受力。因此,0→初拉力间的伸长值不宜采用量测方法,而宜采用推算的方法。采用两倍初拉力与初拉力对应的伸长值差来确定预应力筋初拉力下的伸长值,具有直观易行,并且可将原始记录直接填入表式等优点。

对曲线和超长预应力筋的初拉力,条文给出了一个(10%~25%)张拉控制拉力的范围,但在实际张拉操作中,应根据具体情况进行取舍:预应力筋长度 30 m 以下时,初拉力宜取为 10%~15%;预应力筋长度 30 m~60 m 时,初拉力宜取为 10%~20%;预应力筋长度大于 60 m 时,初拉力宜取为上限值 25%;预应力筋长度超过 100 m 时,25%的上限值也可能达不到初拉力的目的,宜通过现场的试验来确定其初拉力的大小。另外,对于成孔质量较差、孔道摩阻较大的情况,初拉力宜适当提高。

8.3.20　预应力筋张拉、锚固过程中及锚固完成后,均不得外力敲击或振动锚具;预应力筋锚固后,如需要放松,必须使用专门的设备缓慢地放松。上述规定主要是为了保证施工的安全。

8.4　智能张拉

8.4.2　智能张拉系统生产厂家应对施工单位进行技术交底和培

训,并应根据总监理工程师审批的人员管理等级文件开通不同级别的安全操作权限。

8.4.5 测力计和位移传感器可一年标定一次。

8.5 伸长值校核

8.5.1 张拉伸长值校核可以综合反映预应力孔道的成孔质量,是判断有效预应力建立和预应力筋质量的关键依据。如孔道出现局部堵塞,张拉力可以达到设计值,但实测伸长值会偏短;若成孔质量不好,摩擦损失会增大,实测伸长值也会偏短。因此,对实测伸长值的异常应引起足够的重视。

8.6 质量要求

关于预应力筋张拉质量要求,本节归纳为以下几点:

1 预应力筋张拉时,混凝土强度应符合设计要求,并对混凝土弹性模量或龄期也有一定要求。

2 预应力筋的张拉力、张拉或放张顺序及张拉工艺应符合设计和施工方案的要求。

3 预应力筋张拉以应力控制为主,以伸长值校核为辅,张拉伸长值允许偏差为±6%。

4 预应力筋张拉至控制应力时,应有足够的持荷时间。张拉锚固后,锚下建立的有效预应力与设计值的偏差不应超过±5%。

5 预应力筋张拉过程中,应采取措施,防止出现断丝或滑丝现象。

9 灌浆与封锚保护

9.1 一般规定

9.1.1 灌浆及封锚能够保护预应力筋和锚具不受侵蚀,并使预应力筋和混凝土构件能够有效结合。处于高应力状态的预应力筋易被腐蚀,应及时进行灌浆。

9.1.2 孔道及排气和泌水孔的畅通是保证灌浆密实的前提条件。灌浆前,应对孔道及泌水和排气孔进行检查,若孔道堵塞,应采取措施使孔道疏通后才能灌浆。

9.1.3 常用灌浆泵有柱塞式、挤压式和螺杆式三种。本条强调灌浆泵应配备压力表,主要是通过压力值控制灌浆的工作状态。

9.1.4 锚具夹片空隙会产生负压力,使浆体沿空隙产生回流,因此必须进行封堵。封堵材料应有一定强度,以抵抗灌浆时的压力。

9.1.6 严格按灌浆流程操作是确保灌浆质量的关键。为了消除灌浆过程中产生的质量隐患,应对施工现场制浆和灌浆过程进行旁站监督。

9.2 浆体制作

9.2.1 灌浆材料是确保预应力孔道灌浆密实的关键,宜优先选用强度高、泌水率小、流动性好、微膨胀或无收缩的灌浆材料。

在满足流动度和可灌性的条件下,成品灌浆料和专用压浆剂配制的灌浆料具有水胶比低、泌水率小、微膨胀以及施工质量容易控制等优点,但成本较高。对于重大工程、重要工程和特种工程,建议采用专用成品灌浆料或专用压浆剂配制的灌浆料,以降低浆体水胶比和泌水率,提高灌浆质量和密实度。

当采用水泥作为灌浆料时,宜选用品质优良、强度等级不低于 42.5 N/mm² 普通硅酸盐水泥配制的水泥浆,并添加适量的外加剂。

灌浆料应先进行实验室试配,合格后方可在施工现场应用。

9.2.2 本条具体规定了浆体性能各项指标要求,目的是降低浆体的泌水率、提高灌浆的密实度,并保证浆体硬化后能够与预应力筋有良好的粘结力。

浆体的适度膨胀有利于提高灌浆的密实性,但过度的膨胀可能造成孔道开裂,反而影响预应力工程质量,故应控制其自由膨胀率。

试验表明,28 d 强度不低于 M40 的浆体可有效地提供对预应力筋的防护并提供足够的粘结力。浆体稠度可采用国际上通用的流锥法进行测定。

9.2.4 采用高速搅拌机制浆,可以提高制浆效率,减轻劳动强度,同时有利于充分搅拌均匀,获得性能良好的浆体;如果搅拌时间过长,将降低浆体的流动性。浆体采用滤网过滤,可清除搅拌中未被充分搅拌均匀的颗粒,有利于提高灌浆质量。

9.2.5 浆体制成后,应及时灌入预应力孔道,若间隔时间过长,将降低其流动度,增加灌浆时的压力,且不易密实。浆体在制作和灌浆过程中连续搅拌,是为了防止其流动度降低。对因延迟使用导致流动度降低的浆体,应采取二次搅拌措施,不得通过加水的方式增加其流动度,这是为了防止浆体水胶比加大,并由此增大泌水率及改变浆体的性能。

9.3　灌浆工艺

9.3.1～9.3.4 灌浆顺序的安排应避免相互串孔现象,条文中提出了先下后上的原则。当发生孔道阻塞、串孔或因故障中断灌浆时，应及时将第一次灌入的水泥浆排出，以免孔道内留有空气，影响灌浆质量。

为保持孔道灌浆的密实度，将孔道灌满后的稳压时间提高至 2 min～5 min。当孔道较短时，取下限值；孔道较长时（大于 60 m），取上限值。

灌浆过程中泵内缺浆及输浆管与灌浆孔脱开都会使空气进入孔道，影响灌浆质量，因此应避免上述情况出现。

9.3.5 本条规定的试块尺寸主要是针对建筑工程，对于公路桥涵工程，每一工作班应制作留取不少于 3 组尺寸为 40 mm× 40 mm×160 mm 的试件，标准养护 28 d，进行抗压强度和抗折强度试验，作为质量评定的依据。

9.3.9 高温灌浆时，由于水分蒸发及水泥水化加速使浆体稠度增大，降低了浆体的流动度，不利于保证灌浆质量。低温灌浆时，容易出现浆体的冻害，应采取抗冻保温措施。

9.4　真空辅助灌浆

9.4.2 塑料波纹管密封性能好，为保证孔道的真空度，真空辅助灌浆宜采用塑料波纹管成孔。

9.4.3 真空辅助灌浆时，先在预应力孔道的一端采用真空泵抽吸孔道中的空气，使孔道内形成 -0.08 N/mm^2～-0.10 N/mm^2 的真空度，然后在孔道的另一端采用灌浆泵进行灌浆。真空辅助灌浆技术的优点如下：

　　1　在真空状态下，孔道内的空气、水分以及混在水泥浆中的气泡被消除，增强了浆体的密实度。

　　2　孔道在真空状态下，减小了由于孔道高低弯曲而使浆体自身形成的压力差，便于浆体充盈整个孔道，尤其是一些异形关键部位。

3 真空辅助灌浆的过程是一个连续且迅速的过程,缩短了灌浆时间。

4 采用真空辅助灌浆工艺时,宜采用专用成品灌浆料或专用灌浆剂配置的浆体,能显著提高灌浆的密实度。

真空辅助灌浆有固定的操作程序,只有严格按规定操作执行,才能保证灌浆质量。

9.5 循环智能灌浆

9.5.3 智能灌浆系统配套使用灌浆材料、设备及其他配件等应准备齐全。高压胶管出厂时,应通过耐压试验,注意定期检查,每6个月检查一次。高压胶管使用时,应避免折弯,操作者应注意不可离胶管太近,以免胶管破裂甩起伤人。

灌浆前,应统一标定计量仪器(流量计、压力计等),并对应使用。

控制站系统宜选择在灌浆构件的侧面,确保现场灌浆施工连续进行。

9.5.5 灌浆参数包括试验室提供的灌浆配合比、搅拌时间、加水方式、制浆总量等参数。灌浆前,必须储备足够浆液,低速储浆桶的储浆体积应大于所要灌注预应力孔道的体积,以确保灌浆的连续进行。

9.6 封锚保护

9.6.1 锚具外多余预应力筋常采用机械方法切割,不宜采用氧气乙炔方法切割。由于现场施工条件限制,必须采用氧气乙炔切割方法时,为了降低高温可能影响锚具部位,应对锚具采取浇水降温等措施。考虑到锚具正常工作及可能的热影响,本条对预应力筋外露部分长度做出了规定。切割不宜距锚具太近,同时也不应影响构件安装。

9.6.2 锚具的封闭保护是一项重要的工作,主要是保证预应力结构的耐久性、抗火及防止机械损伤。后张预应力筋的锚具布置在构件端部,处于环境影响较大的部位,且锚具又处于高应力状态,封闭保护十分重要。封锚包括两部分内容,其一是锚具防腐蚀处理;其二是锚具封闭处理。

9.7 质量要求

9.7.1 实际灌浆前,一般应根据构件孔道形式、灌浆方法、材料性能、灌浆设备等条件由试验来确定浆体的配合比。试配时,测定流动度、泌水率、自由膨胀率及抗压强度等指标。对构件数量较少且有成熟的配比参数时,可不做浆体配比试验。

9.7.2 当灌浆浆体达到一定强度后,浆体与预应力筋有可靠的粘结,此时移动构件或拆除底模,有利于预应力构件的安全。

公路桥涵工程的浆体试块尺寸及强度要求应参照现行行业标准《公路桥涵施工技术规范》JTG/T F50 执行。

9.7.3 孔道灌浆后,应通过观察孔检查灌浆的密实性;如有不实,应及时进行补浆处理。

9.7.4 当对孔道灌浆密实度有疑问时,在征得有关各方同意且有可靠技术方案后,可采取钻孔、局部凿开等方法检查孔道密实情况。

10 体外预应力施工

10.1 一般规定

10.1.2～10.1.4 条文对体外束预应力筋、外套管以及防腐蚀材料的一般要求,不同体系的体外束均应符合相应的规定。

10.1.5 体外束锚固体系的重要性体现在预应力完全由锚固体系来传递,如果锚固作用失效,则预应力效应完全丧失。因此,体外束锚固体系除应严格符合本标准第 3.4 节的要求外,还应重视防腐蚀保护、防松装置等要求。

10.1.7 一般情况下,体外预应力结构的张拉控制应力 σ_{con} 不宜超过 $0.6f_{ptk}$,且不应小于 $0.4f_{ptk}$。主要原因如下:

  1 体外预应力结构由于结构变形会引起体外束应力的增加。

  2 较低应力工作状态下的体外束,对结构的可靠性有利。特别是在体外预应力加固工程中,既有结构的力学性能指标离散性较大。

  3 较低的应力有利于减小应力腐蚀。此外,在转向块与体外束的接触区域,由于横向挤压力的作用和体外束弯曲后产生的内应力,预应力筋的强度将有所降低。

10.2 体外束的布置

10.2.1 预应力束形布置与荷载标准组合工况的弯矩相一致,可以最大程度地发挥预应力的作用效应,但对多种线型的体外束组合应用或设计有特殊要求时,可不受此限制。

10.2.2 体外束的锚固点与转向块之间或两个转向块之间的自由段长度不宜过长,目的在于避免振动效应与振动磨损。美国和英国等国的有关规范对此有类似规定。在建筑工程中,如振动不明显,可适当放宽。

为了使体外预应力束获得较大矢高和预应力效应,在梁的负弯矩区域,体外束应设在中和轴之上,并有合理的偏心距。锚固点应保证传力可靠且张拉施工方便,因此设在梁端或中间支座处较为合理。

10.2.3 体外束的强度降低与弯折角成正比,与弯折曲率半径成反比,同时受转向块处接触长度的影响。为了避免预应力筋的强度降低而影响结构的可靠性,本条对弯折角和弯折曲率半径给出了限制。

10.3 体外预应力构造

10.3.1,10.3.2 锚固端和转向块的构造设计应符合传力可靠和变形较小的原则,取体外束的破断荷载作为标准荷载进行相应节点承载力的验算。

10.3.4,10.3.5 此两条是关于体外束用于混凝土结构加固构造设计的几种常用做法,可根据具体结构形式和被加固构件的情况,合理采用或另行设计。

10.3.6 体外束用于钢结构中,节点设计和构造较为复杂,而且不同的工程有其各自的特殊性,本条在总结国内工程经验的基础上,仅提供了一般性做法。

10.4 施工和防护

10.4.1 体外束的线型是否准确,取决于锚固区和转向块管道的定位是否准确,故要求采取可靠的定位措施,保证预埋件位置准确。

10.4.2 体外束外套管的安装应连接平滑,符合设计线型和误差要求,目的是保证摩擦力影响最小,且建立准确的预应力值。完全密闭性是进行体外束外套管灌浆施工的要求。

10.4.3 采用体外束加固混凝土结构时,应采取静态开孔设备,避免使用振动较大的冲击钻等设备,必要时,可在端块中设置与预应力方向垂直的短筋,以增强抗剪能力。

10.4.4 钢结构体外束的锚固端施工时,节点板的尺寸与角度应准确,焊缝应牢靠,以满足体外索的张拉要求。

10.4.5 体外束的张拉,应严格遵守对称受力原则,以避免构件侧向弯曲或失稳。

10.4.7～10.4.12 体外束的耐久性必须有可靠保证。在结构的设计使用年限内,应定期进行检查。检查的内容包括:预应力筋的松弛、锚具及转向块的有效性、防腐防火涂层的完好性等;检查的时间间隔可由设计单位确定,但第一次检查应为竣工后一年,以后可每隔 5 年检查。遇到火灾、地震、台风等特殊情况,应增加检查次数。根据检查结果进行对应的维护、维修和更换,锚固体系的防护应从构造设计本身给予可靠保证。

体外束的可监测与可换束等特点在设计与使用中应予考虑,但必须对其可行性和结构正常使用的影响有充分考虑,且不应降低体外预应力体系的整体耐久性能。

体外束有防火要求时,应采取切实可行、有效的防火措施。

11 钢结构预应力施工

11.1 一般规定

预应力钢结构是人为在钢结构承重体系中引入预应力以提高其结构承载力、增强结构刚度及稳定性、改善结构其他属性的结构体系。近年来，将现代预应力技术与空间结构相结合衍生出丰富的预应力空间钢结构体系，包括张弦结构（张弦梁、张弦桁架、张弦网格）、斜拉结构、预应力桁架、索桁架、索拱、索网、索穹顶、弦支穹顶及杂交结构等，提高了结构的功能与效益。

在预应力钢结构中，拉索是施加预应力的主要材料。拉索由索体和索头的锚具压接构成，其中索头包括锚具、连接件和调节装置。索体主要类型有钢丝束、钢绞线和钢拉杆等；锚具的主要类型有冷铸锚、热铸锚和压接锚；连接件主要形式有锚栓式、螺杆式和耳板式；调节装置主要类型有套筒式、螺杆式和螺母式。拉索通过连接件与结构连接。

钢结构预应力施工不仅是纯粹的制作、安装和张拉工艺，而且是系统性和全过程性的施工技术。具体体现在：分析和工艺的结合、钢构节点、索头和张拉机具的结合、钢构和拉索施工的结合以及从分析到制作、安装和张拉的全过程施工控制。

11.1.1 预应力施工是钢结构总体施工中的重要工序，拉索安装与张拉穿插在钢构总装过程中，须相互密切配合。因此，预应力施工应根据钢构总体安装方案并结合现场施工条件合理确定。

11.1.3 钢构的安装精度直接关系到拉索安装质量及工程进度。预应力作用节点应作为主控项目进行检查，包括检查空间位置、几何尺寸及节点强度等。若钢构安装误差较大,可能导致拉索无法安装到位,或者即使能够安装,安装后结构受力性能与设计偏差较大,影响结构使用期间的安全。因此,拉索安装前,须对固定拉索的钢构连接件位置进行测量验收,满足要求后,方能进行拉索的安装。

11.1.4 对预应力钢结构工程,不仅要重视结构的最终状态,而且也要关注结构的成形和张拉过程。

施工过程中对结构的状态("力"和"形")进行监测,可以判断结构实际状态与阶段控制目标是否一致,以便及时调整,确保施工完成后结构的状态满足设计要求。

11.2 施工阶段计算

11.2.1 预应力钢结构状态要素是指索力和结构几何形状。

1 零状态:是指加工放样后的构件集合体。零状态时不存在预应力,不存在外部荷载和自重作用。

2 初始状态:是指结构安装后仅在预应力和自重作用下的自平衡状态,不存在外部荷载作用。

3 工作状态:是指结构投入使用后在预应力、恒荷载及活荷载作用下达到的平衡状态。

钢结构预应力施工的目标是实现设计规定的初始状态,即结构初始状态的位移和内力。

11.2.3 根据国家标准《建筑结构可靠性设计统一标准》GB 50068—2018 第 8.2.9 条的规定,当作用效应对承载力不利时,预应力分项系数应取 1.3。

11.2.5 对预应力钢结构来说,在预应力施加过程中,结构的形状和内力分布不断发生变化,为了对整个施工过程中结构的性能有一个全面的了解,需要进行全过程施工分析,掌握关键施工阶段结构的状态,制定和优化施工方案,提供拉索的张拉力等施工参数和监控依据,确保施工安全。

由于预应力钢结构受力后变形大,与相连构件相关性密切,为了使计算结果更接近实际情况,应建立预应力拉索与钢结构共同作用的整体有限元分析模型,并考虑拉索几何非线性的影响以及拉索分批、分级张拉相互间的影响。

11.3 制作与安装

11.3.1 拉索是钢结构施加预应力的主要材料,拉索材料有组装索和成品索两种。组装索制作方便,可在工厂或现场制作,且制作精度要求低,制作费用经济,早期预应力钢结构中多采用钢绞线组装索;但组装索端部构造复杂,美观性、整体性和防腐蚀性能差。成品索制作质量、整体力学性能、防腐性能及美观性大大提高,近年来,钢丝束和钢拉杆成品索在预应力钢结构中广泛应用;但成品索需在工厂预制,长度制作精度要求高,且制作工艺复杂。

11.3.2 由于张拉后预应力状态下的索长与安装零状态下的索长存在较大差别,若拉索根据零状态下的索长进行制作,索长调节装置就要适应结构变形、拉索弹性伸长、索长制作误差以及结构安装误差等对索长的影响,可能导致调节范围不够,以至于拉索施工张拉力不足或者可调螺杆锚固长度不够,甚至难以挂索。因此,应根据设计初始态下的索长和索力以及索端节点板长度等确定拉索制作长度,根据拉索制作误差、结构安装误差、计算分析误差及环境温度误差等综合确定调节装置的调节量。

11.3.3,11.3.4 拉索制作时,为精确测量其制作长度,一般采用在一定应力下测量。因此,拉索施工单位提供给制作单位的拉索制作长度是基于一定索力的制作长度。由于拉索自重会产生一定的挠度和内力,拉索制作时,还应考虑拉索自重、环境温度、锚固效率等的影响。

11.3.6,11.3.7 拉索在工厂制作后,一般卷盘出厂,卷盘的盘径与运输方式有关。现场组装拉索,特别应注意对各索股防护涂层的保护,并采取必要的防护措施,保证各索股受力均匀。

11.3.8 为保证拉索安装时不使索头螺纹及 PE 护套受到损伤,可随运输车附带纤维软带。在雨季进行拉索安装时,应注意不损伤索头的密封,以免索头进水。

11.4 施加预应力

11.4.1 近年来,拉索在公共建筑,特别在大跨度空间预应力钢结构中得到了广泛应用。经过多年的实践,积累了丰富的拉索施工经验。拉索张拉不同于一般预应力混凝土梁板结构张拉,由于拉索对应的结构相对较柔,应注意除了满足拉索的基本张拉力要求外,还要控制结构或构件的变形。另外,拉索的张拉须根据钢结构安装过程分单元、分阶段进行张拉,同时,拉索张拉使结构杆件间产生相互影响,更需要在整体结构建模计算分析的基础上结合拉索的构造及张拉特点,采取虚拟与现实张拉技术,科学指导空间预应力钢结构中的拉索张拉,并加强张拉过程的监控,必要时,调整张拉力。

因此,应严格按照施工方案进行张拉,且张拉时荷载工况、支撑及支座约束条件应与施工模拟计算相一致,以便与计算分析结果进行对比,确保张拉完成后结构的状态达到设计要求。

11.4.2,11.4.3 张拉工装和千斤顶须与索端节点相适应,保证张拉时可轻松旋动索头调节装置,从而使张拉力有效地传递至结构上。制定张拉方案时,施工单位应对索端节点构造是否满足张拉工艺要求进行核实;不能满足时,应提出合理的构造措施或改进张拉工装使其与索端节点相匹配,以满足张拉的工艺要求。

11.4.4 张拉前,对阻碍结构张拉变形的支撑、平台应主动脱空,脱空距离应保持在张拉变形影响之外;对结构上较重的堆置物或吊挂物,张拉前也应清除,确保拉索的张拉效果。

11.4.9 张弦梁、张弦拱及张弦桁架平面外的刚度很小,张拉时,应确保结构平面外稳定。通常是先将拉索预紧,然后在两榀平面张弦结构间安装联系杆件,形成具有一定空间稳定体系后,再将拉索张拉至设计索力。

11.4.12 拉索张拉锚固后,夹片锚外侧应安装防松压板并固定。在螺杆的螺母外侧,应有 2 牙～3 牙外露;必要时,在螺母上设止动螺栓。

11.5 施工监测

11.5.1 预应力钢结构的变形与拉索的拉力是相辅相成的,可以通过结构的变形计算出拉索的拉力。在预应力张拉过程中,结合分析计算结果,对结构变形监测可以保证预应力施工安全。

11.5.2～11.5.4 施工监测内容除结构控制点的变形和索力外,还应根据设计要求和工程具体情况,确定是否监测钢结构控制截面应力和结构支座水平位移等参数,监控点设置应可靠并便于监测。

11.5.5 监测结果与计算分析结果会有一定的偏差,偏差可能会超过允许值。产生偏差的原因主要有设计参数误差、施工误差、测量误差、结构分析模型近似等。因此,应查明原因并加以修正。对于复杂空间结构,应对实测索力、结构变形、钢结构应力等控制参数进行综合评价,以判断张拉效果是否达到设计和规范要求。

11.7 防护和维修

11.7.1,11.7.2 室外拉索的防护要求较严,尤其是索头部位。当有防火要求时,室内拉索必须考虑满足防火的基本要求。室外拉索的防腐主要考虑防止雨水侵蚀以及密封材料的老化。拉索索体防腐蚀方式有以下几种:

    1   钢丝镀层加整索挤塑护套。

    2   单根钢绞线镀(涂)层。

    3   单根钢绞线镀(涂)层加挤塑护套。

    4   单根钢绞线镀(涂)层加整索高密度聚乙烯护套。

    拉索防腐方式可根据使用条件和结构主要性能等因素组合选用。必要时,可考虑换索要求。

11.7.3,11.7.4   锚固区锚头和传力节点等部件的防腐蚀可参照钢结构的防腐蚀要求处理。

11.7.5   塑料中常掺碳粉以增强抗老化性能。

11.7.6   当室内拉索采用塑料护套时,其防火可参照电线电缆的防火涂料做法,并得到消防管理部门的认可。

12 施工管理

12.1 一般规定

12.1.1 预应力分项工程的施工质量对结构的安全起着举足轻重的作用。具有丰富的施工实践经验,同时也具备相应的技术能力,是保证预应力工程质量的首要条件。

12.1.2 预应力分项工程施工应实行培训和上岗证制度。对预应力施工操作人员(如预应力筋制作、安装、张拉、灌浆等人员)的技术要求比较高,其技术素质直接影响到施工的质量和安全,因此,上岗前应进行培训,使其达到各自岗位所需的技术水平。

12.1.3 预应力设计和施工专业性较强。通过图纸会审,使施工单位和监理单位在领会设计意图的同时,在施工配合、质量检查和工程验收等方面达成共识。

12.1.4 专项施工方案的具体内容应针对施工对象和施工条件确定。对常规工程,应力求简明;对大型工程,应重点突出施工组织;对采用新技术的工程,应重点突出施工方法。

12.2 施工配合

12.2.1 预应力分项工程施工包括制作与安装、张拉与锚固、灌浆与封锚三个主要工序,施工穿插在结构主体施工过程中,预应力结构的底部支撑必须待张拉和灌浆后方能拆除,而且张拉时混凝土强度须达到设计值,故预应力施工应与主体结构施工密切配合,使工序合理、节省工期、降低成本。

12.2.4 普通钢筋、预应力筋或预应力筋孔道的施工配合，一是要解决二者位置的冲突问题，二是要解决合理安装的次序问题。基本原则是：普通钢筋应避让预应力筋，必要时，预应力筋也可适当调整。为此，事先应根据设计图纸绘制节点部位普通钢筋与预应力筋排列详图，并在施工中严格执行。

12.4 质量控制

12.4.7 张拉申请单包括以下内容：工程名称、构件名称/编号、张拉应具备条件的检验结果、总包单位和监理单位的审批意见等。

12.4.8、12.4.9 后张法预应力分项工程实行见证张拉和灌浆制度。见证张拉和灌浆是指预应力筋张拉和灌浆时，监理工程师或建设单位代表在现场监督检查张拉过程和灌浆过程是否按施工方案和规范进行、张拉和灌浆参数是否满足要求等。见证张拉和灌浆后，见证各方应在张拉记录和灌浆记录上签字确认。

本标准附录 H 所列的预应力分项工程检验批质量检查记录表，是质量控制的基本资料。其检查项目包括主控项目和一般项目；检查记录包括施工单位自检记录和监理单位复查记录。对预应力筋张拉记录表、预应力孔道灌浆记录表，本标准给出了样表格式，各单位可参考使用。

12.5 环境保护

12.5.1～12.5.6 随着经济的发展，环境保护日益得到广泛的关注和重视。在预应力分项工程施工中，环境保护应从施工机具的使用和维护、灌浆材料的储存、制浆过程、灌浆过程、噪声控制、光污染控制等方面进行管理和控制，以达到绿色施工、保护环境的目标。

13　施工验收

　　本章是根据现行国家标准《建筑工程施工质量验收统一标准》GB 50300、《混凝土结构工程施工质量验收规范》GB 50204 和现行行业标准《公路工程质量检验评定标准》JTG F80 编写而成。

　　预应力分项工程质量验收,除所含的检验批全部合格外,还应重点强调验收资料完整和准确,以便顺利通过验收。预应力分项工程宜单独验收,也可与主体结构同时验收。